Arbeitsheft
MATHEMATIK

BAND 1

Grundrechenarten
Größen
Geometrie

Lösungen

Herausgegeben von
J. Peter Böhmer

Bearbeitet von
J. Peter Böhmer
Ekkehard Jander
Wilfried Schlake
Otto Steinhoff
Paul Zahn

Ernst Klett Verlag
Stuttgart Düsseldorf Leipzig

Auf fast allen Seiten des Arbeitsheftes finden Sie zusätzliche Übungsaufgaben.
Die Lösungen dieser Aufgaben stehen im eingelegten **Beiheft** des Lösungsheftes.

9 783127 451931

1. Auflage

€ A 1 12 11 10 9 8 | 2008 2007 2006 2005 2004

Alle Drucke dieser Auflage können im Unterricht nebeneinander benutzt werden, sie sind untereinander unverändert.

Die letzte Zahl bezeichnet das Jahr dieses Druckes.

Internetadresse: http://www.klett-verlag.de
Zeichnungen: Rudolf Hungreder, Leinfelden-Echterdingen
Umschlaggestaltung: Dieter Gebhardt, Asperg
Satz: Grafoline T.B.I.S GmbH, Leinfelden-Echterdingen
Druck: Gutmann, Heilbronn
Printed in Germany.
ISBN: 3-12-745193-8

Inhaltsverzeichnis

Hinweise

Dieses **Arbeitsheft** kann lehrbuchunabhängig im Unterricht eingesetzt werden:
- zusätzlich zu jedem Lehrwerk
- als zentrales Arbeitsheft für den Mathematikunterricht

Aufbau einer Standardseite:

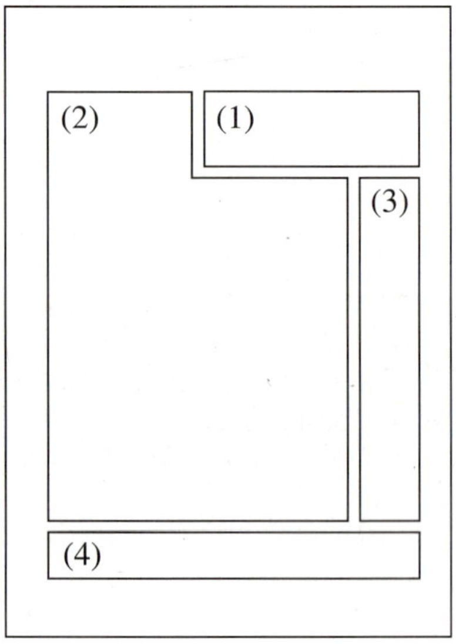

(1) **Kasten**
mit Definitionen, Informationen, Beispielen und Musterlösungen

(2) **Aufgaben zum direkten Eintragen**
- Ergebnisse können in vorbereitete Tabellen, Diagramme, … eingetragen werden
- Schrittfolgen können nachvollzogen werden
- Aufgaben in zwei Differenzierungsstufen:
  1 normales Niveau
  •**2** erhöhtes Niveau, Zusatzinhalte
- Lösungen dieser Aufgaben im Lehrerband oder Lösungskontrolle ☑ durch den Schüler

(3) **Randspalte**
mit besonders wichtigen Anmerkungen zur Bearbeitung der Aufgaben:

Hinweise, Tipps zur Bearbeitung

Erinnerung an bekannte mathematische Inhalte

Achtung! Wichtige Regeln und Hinweise

Lösungskontrolle durch Abstreichen möglich

(4) **Zusätzliche Übungsaufgaben**
- sie enthalten gleiche Aufgabenstellungen wie in Teil (2),
- sie sind den Aufgaben von Teil (2) durch eine gemeinsame Kennzeichnung zugeordnet. Beispiel: zur Aufgabe 3 gehören die Übungsaufgaben 3.1 und 3.2,
- die Lösungen aller Aufgaben sind im „Arbeitsheft – Lösungen“ abgedruckt

Diplomseiten
- Wichtige Kapitel werden mit einer Diplomseite abgeschlossen.
- Diese Diplomseiten sind als Lernkontrolle gedacht. Die Aufgaben werden in jeweils drei Schwierigkeitsstufen angeboten:

  (Stern) leicht; (Mond) mittel; (Sonne) schwierig

- Die Schülerinnen und Schüler können zu jeder Aufgabennummer die Schwierigkeitsstufe auswählen.
  Es können auch mehrere Aufgaben zu einer Nummer gelöst werden. Es wird nur die beste richtig gelöste Aufgabe zu jeder Aufgabennummer gewertet.
- Die Auswertung der Lernkontrolle wird in drei Diplomen (Bronze – Silber – Gold) vorgenommen.
  Die Mindestanforderung für die entsprechenden Diplome ist jeweils vorgegeben.

1 Zahlen darstellen

Schätzen

1

Wie viele Erbsen befinden sich in einem 100-kg-Sack?

Schätze und kreuze an.

- ☐ 30 000 Erbsen
- ☒ 300 000 Erbsen
- ☐ 3 000 000 Erbsen

Eine Messung ergibt, dass 30 Erbsen 10 g wiegen.

Ergänze die Rechnung.

Gewicht	Anzahl der Erbsen	
10 g	30	
		· 100
1 kg	3000	
		· 100
100 kg	300 000	

In einem 100-kg-Sack befinden sich 300 000 Erbsen.

2

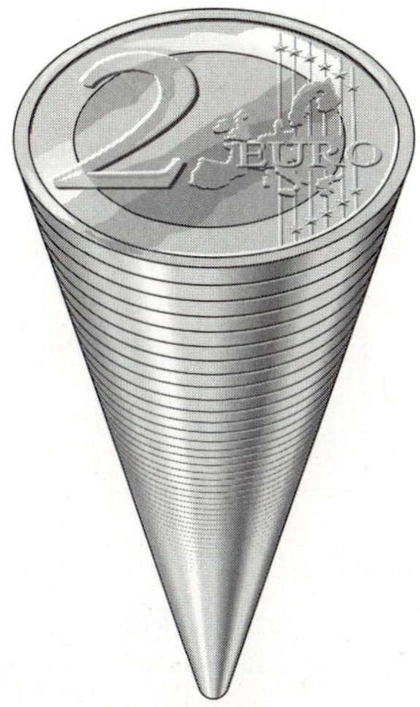

Wie viele 2-€-Münzen sind zu einem 200 m hohen Turm aufeinander gestapelt?

Schätze und kreuze an.

- ☐ 10 000 Münzen
- ☒ 100 000 Münzen
- ☐ 1 000 000 Münzen

Eine Messung ergibt, dass ein Turm aus 10 Münzen 2 cm hoch ist.

Ergänze die Rechnung.

Höhe	Anzahl der Münzen	
2 cm	10	
		· 100
2 m	1000	
		· 100
200 m	100 000	

100 000 Münzen sind zu einem 200 m hohen Turm aufeinandergestapelt.

3

Wie oft atmet der Mensch täglich?

Schätze und kreuze an.

- ☐ 5000 – 10 000-mal
- ☐ 10 000 – 20 000-mal
- ☒ über 20 000-mal

Eine Messung ergibt, dass der Mensch in 1 Minute 20-mal atmet.

Ergänze die Rechnung.

Zeit	Atmungen	
1 min	20	
		· 60
1 h	1200	
		· 24
1 Tag	28 800	

Der Mensch atmet täglich 28 800 mal.

1 Zahlen auf dem Zahlenstrahl darstellen

1 Welche Zahlen gehören zu den Markierungen auf dem Zahlenstrahl bzw. Zahlenstrahlausschnitt im Kasten? Notiere sie.

a) *300* b) *500*

c) *1100* d) *800*

e) *1400* f) *2200*

Zahlenstrahl

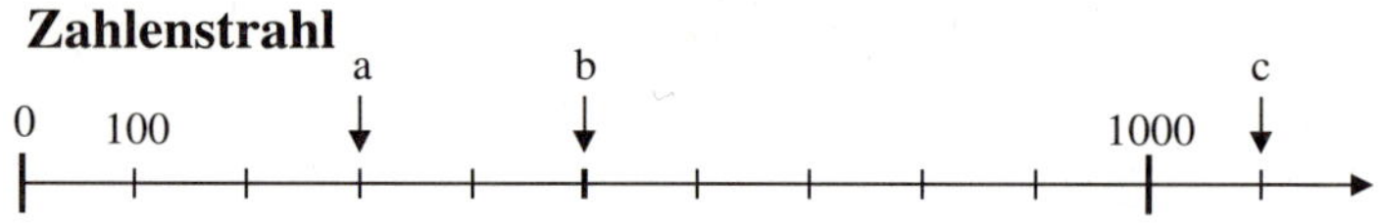

Zahlenstrahlausschnitt

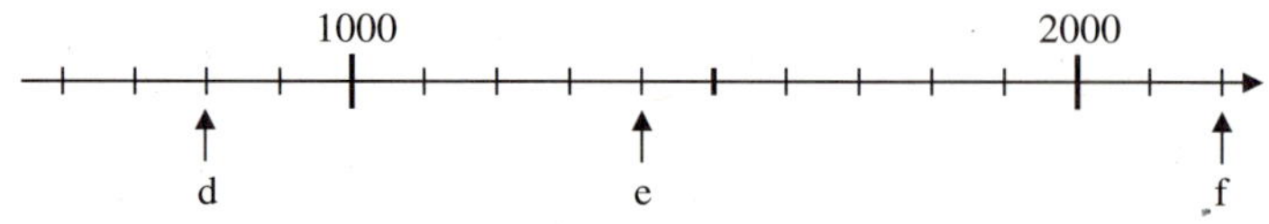

300; 500; 800; 1100; 1400; 2200

✔ zu 1

Hier kannst du deine Lösung überprüfen

2 Markiere folgende Zahlen auf dem Zahlenstrahl:
a) 1000 b) 9000 c) 13 000 d) 17 000 e) 24 000 f) 26 000 g) 21 000

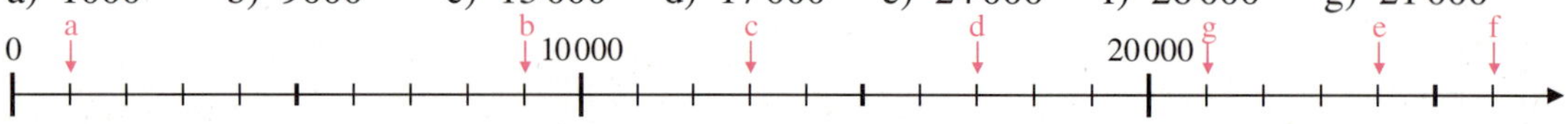

3 Zeichne einen Zahlenstrahl bis 14 000 (1 cm für 1000). Markiere
a) mit Rot: 1000, 4000, 7000, 9000, 11 000 b) mit Grün: 500, 3000, 8500, 5000, 12 500

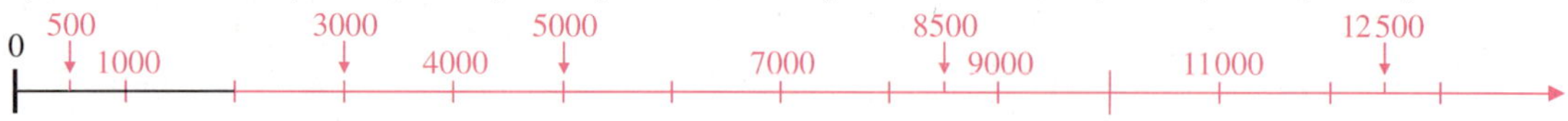

Zahlenstrahl zeichnen
(1) Länge des Zahlenstrahls bestimmen
(2) Zahlenstrahl zeichnen
(3) Markierungen einzeichnen, Zahlen eintragen

4 Welche Zahlen gehören zu den Markierungen?

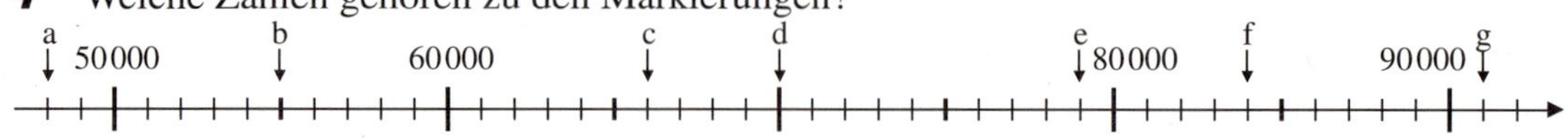

a) *48 000* b) *55 000* c) *66 000* d) *70 000* e) *79 000* f) *84 000* g) *91 000*

5 Markiere folgende Zahlen auf dem Zahlenstrahl:
a) 69 000 b) 73 000 c) 76 000 d) 62 000 e) 49 000 f) 52 000 g) 55 000

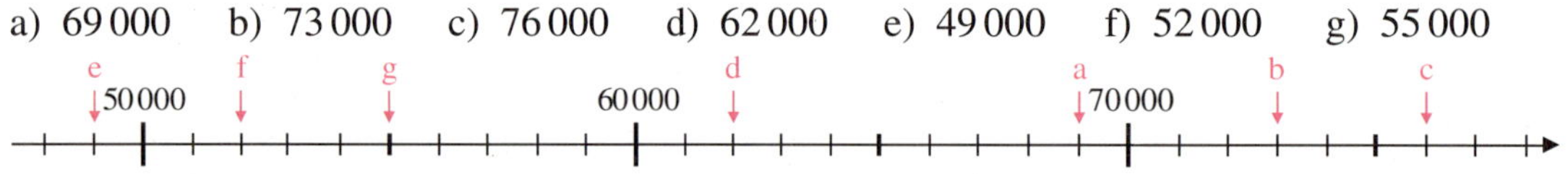

⚠ Die Einteilungen können verschieden sein.
Es gibt nicht nur Hunderter-Teilungen!

6 Zeichne den Zahlenstrahlausschnitt weiter. Markiere folgende Zahlen:
a) 39 000 b) 44 000 c) 52 000 d) 55 000 e) 59 000 f) 60 000 g) 63 000

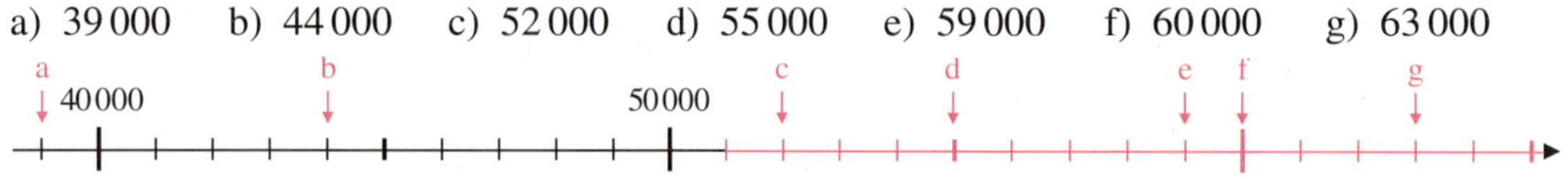

7 Schätze, wo folgende Zahlen eingetragen werden können. Markiere sie.
a) 22 579 b) 18 996 c) 27 058 d) 32 481 e) 24 687 f) 29 149 g) 19 954

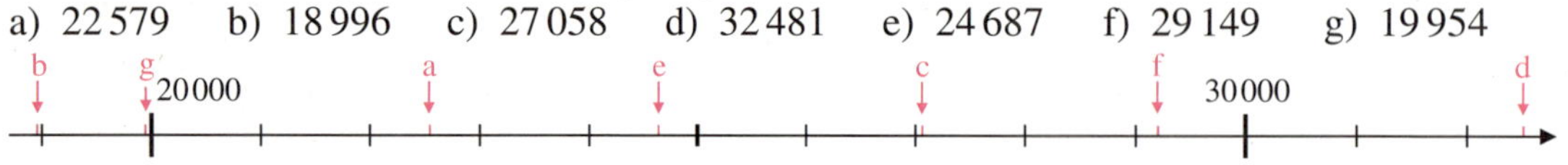

3.1 Zeichne einen Zahlenstrahl bis 1400 (1 cm für 100). Markiere folgende Zahlen:
a) 1000 b) 500 c) 700 d) 1300 e) 250 f) 1150

4.1 Welche Zahlen gehören zu den Markierungen? Notiere sie.

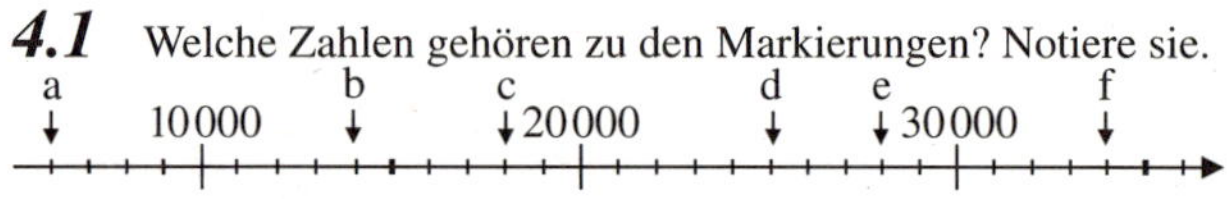

6.1 Zeichne den Zahlenstrahlausschnitt weiter. Markiere folgende Zahlen:
a) 15 000 b) 8000 c) 40 000 d) 28 000 e) 35 000 f) 21 000

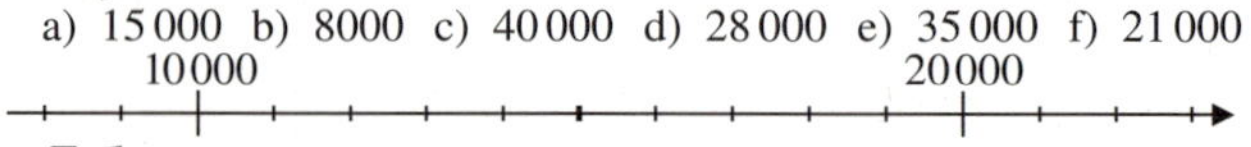

7.1 Zeichne einen Zahlenstrahl bis 13 000 (1 cm für 1000). Schätze, wo folgende Zahlen eingetragen werden können. Markiere sie.
a) 2471 b) 4107 c) 9892 d) 11 051 e) 478 f) 6546

2 *Zahlen zerlegen und notieren*

1 Ergänze.

	Tausender					
	H	*Z*	*E*	*H*	*Z*	*E*
57 038		*5*	*7*	*0*	*3*	*8*
814 597	8	1	4	5	9	7
208 765	*2*	*0*	*8*	*7*	*6*	*5*

Stellenwerttafel

Tausender						
H	Z	E	H	Z	E	
3	2	5	0	7	4	325 074
	6	0	9	0	8	60 908

325 074 = 300 000 + 20 000 + 5000 + 70 + 4
60 908 = 60 000 + 900 + 8

2 Zerlege wie im Beispiel: 47 936 = 40 000 + 7000 + 900 + 30 + 6

a) 5 628 = *5000 + 600 + 20 + 8* b) 92 851 = *90 000 + 2000 + 800 + 50 + 1*

c) 37 029 = *30 000 + 7000 + 20 + 9* d) 409 273 = *400 000 + 9000 + 200 + 70 + 3*

3 Schreibe die Zahl. Beispiel: 20 000 + 5000 + 700 + 10 + 6 = 25 716.

a) 300 000 + 6000 + 70 = *306 070* b) 80 000 + 3000 + 1 = *83 001*

c) 800 000 + 300 + 5 = *800 305* d) 100 000 + 900 + 80 = *100 980*

4 Schreibe wie im Beispiel: 3 700 = 3 · 1000 + 7 · 100.

a) 86 531 = *8 · 10 000 + 6 · 1000 + 5 · 100 + 3 · 10 + 1*

b) 729 405 = *7 · 100 000 + 2 · 10 000 + 9 · 1000 + 4 · 100 + 0 · 10 + 5*

5 Berechne.

a) 3600 : 10 = *360* b) 540 · 1000 = *540 000*

74 · 100 = *7400* 123 · 10 = *1 230*

720 000 : 1000 = *720* 45 000 : 100 = *450*

6 Schreibe in Ziffern.

a) zweihundertsechsunddreißigtausendneunhundertzwölf = *236 912*

b) siebenundneunzigtausendachthundertdreiundfünfzig = *97 853*

•**7** Schreibe in Worten.

a) 45 206 = *fünfundvierzigtausendzweihundertsechs*

b) 947 326 = *neunhundertsiebenundvierzigtausenddreihundertsechsundzwanzig*

Abkürzungen
1 = 1E
10 = 1Z
100 = 1H
1 000 = 1T
10 000 = 1ZT
100 000 = 1HT

7 · 1 = 7
7 · 10 = 70
7 · 100 = 700
7 · 1 000 = 7 000

4 000 : 1 = 4 000
4 000 : 10 = 400
4 000 : 100 = 40
4 000 : 1 000 = 4

0 · 1 = 0
0 · 10 = 0
0 · 100 = 0

7 : 0 = geht nicht!

zu 3, 5 und 6:
360; 450; 720; 1230; 7400; 83 001; 97 853; 100 980; 236 912; 306 070; 540 000; 800 305

2.1
a) 3748 b) 29 051 c) 7829 d) 604 e) 80 970 f) 69 473
g) 75 908 h) 317 942 i) 6005 j) 10 073 k) 52 009 l) 17 994

4.1
a) 538 626 b) 906 481 c) 78 506 d) 485 970 e) 305 624
f) 240 007 g) 600 017 h) 26 984 i) 71 003 j) 513 000

5.1
a) 300 · 10 b) 7 · 10 c) 600 000 : 10 d) 80 000 : 10
e) 5000 · 100 f) 4000 : 10 g) 100 000 : 100 h) 90 · 1000

6.1 a) einundsiebzigtausend
b) vierhundertzweiundachtzigtausendneunhundertzehn
c) sechsundfünfzigtausendachthundertvier

•**7.1** Schreibe in Worten. a) 25 480 b) 761 983

3 *Große Zahlen notieren*

1 Lies aus der Stellenwerttafel ab und schreibe auf.

a) 170 Milliarden

b) *834 Millionen*

c) *69 Billionen*

	Billionen			Milliarden			Millionen			Tausender					
	H	Z	E	H	Z	E	H	Z	E	H	Z	E	H	Z	E
a)				1	7	0	0	0	0	0	0	0	0	0	0
b)							8	3	4	0	0	0	0	0	0
c)		6	9	0	0	0	0	0	0	0	0	0	0	0	0

2 a) Ergänze die Stellenwerttafel.

	Billionen			*Milliarden*			*Millionen*			*Tausender*					
	H	*Z*	*E*	*H*	*Z*	*E*	*H*	*Z*	*E*	*H*	*Z*	*E*	*H*	*Z*	*E*
1)					*9*	*7*	*0*	*0*	*0*	*0*	*0*	*0*	*0*	*0*	*0*
2)	*3*	*4*	*6*	*0*	*0*	*0*	*0*	*0*	*0*	*0*	*0*	*0*	*0*	*0*	*0*
3)							*5*	*2*	*8*	*0*	*0*	*0*	*0*	*0*	*0*

b) Trage in die Stellenwerttafel ein.
1) 97 Milliarden 2) 346 Billionen 3) 528 Millionen

1 000 Tausender
= 1 Million
= 1 000 000

1 000 Millionen
= 1 Milliarde
= 1 000 000 000

1 000 Milliarden
= 1 Billion
= 1 000 000 000 000

3 Schreibe die Zahlen in Ziffern.

a) 97 Milliarden = *97 000 000 000*

b) 528 Millionen = *528 000 000*

c) 436 Billionen = *436 000 000 000 000*

d) dreiundneunzig Milliarden = *93 000 000 000*

e) vierhundertsiebenundzwanzig Millionen = *427 000 000*

f) achthunderteinundfünfzig Billionen = *851 000 000 000 000*

Schreibe und lies in Dreiergruppen.
17 000 000

•***4*** Schreibe in Worten.

a) 49 000 000 000 = *neunundvierzig Milliarden*

b) 126 000 000 = *einhundertsechsundzwanzig Millionen*

c) 9 100 000 = *neun Millionen einhunderttausend*

Abkürzungen
Mio. Million
Mrd. Milliarde

2.1 Übertrage die Stellenwerttafel (Aufgabe 2) in dein Heft. Trage ein. a) 708 Billionen b) 583 Millionen c) 96 Milliarden

3.1 Schreibe in Ziffern. a) 274 Millionen b) 74 Billionen c) 805 Milliarden

3.2 Schreibe in Ziffern. a) drei Billionen neunhundert b) sechs Milliarden dreißig Millionen zwanzigtausend c) vierhundertzweiundneunzig Millionen achthundertzehn

•***4.1*** Schreibe in Worten. a) 46 750 000 000 b) 846 000 000 000 000 c) 92 000 000

4 Große Zahlen vergleichen

1 Vergleiche. Setze < oder ein >.

a) 9 Milliarden ___<___ 31 Milliarden

b) 154 Milliarden ___<___ 17 Billionen

c) 1 Milliarde ___>___ 973 Millionen

Billionen	Milliarden	Millionen	Tausender	
	6	0 0 0	0 0 0	0 0 0
	1 8	0 0 0	0 0 0	0 0 0

18 > 6 somit 18 000 000 000 > 6 000 000 000

2 Schreibe die Zahlen in Ziffern stellengerecht untereinander. Kreise die größte Zahl ein.
a) 6 Millionen, 214 Millionen, 79 Millionen
b) 409 Milliarden, 8 Milliarden, 27 Milliarden
c) 5 Billionen, 628 Billionen, 83 Billionen

zu a)	zu b)	zu c)
6 000 000	(409 000 000 000)	5 000 000 000 000
(214 000 000)	8 000 000 000	(628 000 000 000 000)
79 000 000	27 000 000 000	83 000 000 000 000

3 Ordne die Zahlen nach der Größe.
a) 43 000 000, 430 000, 4 300 000 000, 430 000 000

430 000 < 43 000 000 < 430 000 000 < 4 300 000 000

b) 1 Billion, 900 Millionen, 25 Milliarden

1 Billion > 25 Milliarden > 900 Millionen

4 Verbinde die Punkte. Beginne bei der kleinsten Zahl.

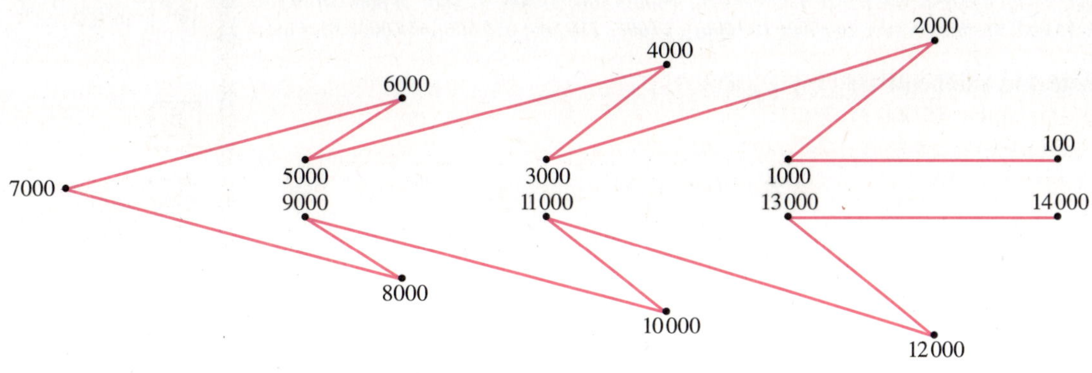

zu 2

Zahlen vergleichen
(1) Stellenweise von links nach rechts vergleichen, erste Abweichung markieren
(2) Ziffern an dieser Stelle vergleichen
(3) Ergebnis notieren

In Dreiergruppen notieren

Abkürzungen
Mio. Million
Mrd. Milliarde

1.1 Vergleiche. Setze < oder > ein.
a) 264 Milliarden und 642 Millionen
b) 568 Billionen und 865 Billionen

2.1 Schreibe die Zahlen stellengerecht untereinander. Kreise die größte Zahl ein.
57 860 421 805, 57 680 421 805, 57 860 241 805

3.1 Ordne die Zahlen nach der Größe. Beginne mit der größten.
a) 362 Milliarden, 623 Millionen, 236 Billionen
b) 435 Milliarden, 354 Milliarden, 543 Milliarden
c) 178 Milliarden, 178 Billionen, 178 Millionen
d) 45 Millionen, 54 Millionen, 49 Millionen
e) 87945302659, 87954302659, 87954303659
f) 54 545 465, 54 545 645, 54 545 456

5 Zahlen runden

1

	Runde	auf Tausender	auf Hunderter
a)	6549	*7000*	*6500*
b)	9461	*9000*	*9500*

Zahlen runden
Runde auf Zehner: 19 854 ≈ 19 850
Runde auf Hunderter: 19 854 ≈ 19 900
Runde auf Tausender: 19 854 ≈ 20 000

2

Runde	a) 6546	b) 21 496	c) 3458	d) 96 437
auf Zehner	*6550*	*21 500*	*3460*	*96 440*
auf Tausender	*7000*	*21 000*	*3000*	*96 000*
auf Hunderter	*6500*	*21 500*	*3500*	*96 400*

3

Runde	a) 658 725	b) 94 800	c) 209 500	d) 49 957
auf Zehntausender	*660 000*	*90 000*	*210 000*	*50 000*
auf Tausender	*659 000*	*95 000*	*210 000*	*50 000*
auf Hunderttausender	*700 000*	*100 000*	*200 000*	*0*

4 Runde auf die 1. Stelle. Beispiele: 248 ≈ 200; 4518 ≈ 5000

a) 6 958 ≈ *7000* b) 24 965 ≈ *20 000* c) 45 680 ≈ *50 000*

d) 9 536 ≈ *10 000* e) 174 583 ≈ *200 000* f) 3 496 ≈ *3 000*

g) 56 781 ≈ *60 000* h) 629 987 ≈ *600 000* i) 70 689 ≈ *70 000*

0; 3 000; 3 460; 3 500; 6 500; 6 500; 6 550; 7 000; 7 000; 9 000;9 500; 21 000; 21 500; 21 500; 50 000; 50 000; 90 000; 95 000; 96 000; 96 400; 96 440; 100 000; 200 000; 210 000; 210 000; 659 000; 660 000; 700 000

•5 Wie heißt die kleinste und wie heißt die größte Zahl,
a) die beim Runden auf Tausender 55 000 ergibt?

Kleinste Zahl: *54 500* Größte Zahl: *55 499*

b) die beim Runden auf Hunderter 100 000 ergibt?

Kleinste Zahl: *99 950* Größte Zahl: *100 049*

Zahlen runden
(1) Stelle, die gerundet werden soll, markieren
(2) Ziffer der nächstfolgenden Stelle bestimmen
(3) Entscheiden: Ab- oder Aufrunden?
(4) Zahl runden

Ist die Ziffer der nachfolgenden Stelle
- eine 0, 1, 2, 3, 4 so wird abgerundet
- eine 5, 6, 7, 8, 9 so wird aufgerundet

34 468 ≈ 34 000
34 568 ≈ 35 000

✔ zu 1, 2 und 3

≈ rund

2.1 Runde auf Hunderter.
a) 253 b) 249 c) 9578 d) 9548 e) 39 056 f) 99 988 g) 11 111 h) 86 744 i) 748 340 j) 608 971 k) 765 398 l) 2 783 222 m) 9 778 945 n) 10 007 875

2.2 Runde auf Tausender.
a) 6453 b) 7502 c) 30 500 d) 49 603 e) 391 499 f) 460 755 g) 666 666 h) 999 999 i) 3 862 493 j) 59 973 421 k) 349 702 l) 758 499 m) 6 470 982 n) 20 864 875

3.1 Runde auf Hunderttausender.
a) 941 073 b) 820 751 c) 150 072 d) 973 021 e) 5 482 039 f) 2 075 164 g) 9 784 036 h) 8 695 731 i) 306 295 728 j) 9 740 263 k) 4 280 391 l) 49 999 m) 50 000

4.1 Runde auf die 1. Stelle.
a) 6543 b) 54 761 c) 14 576 d) 15 476 e) 963 201 f) 749 203 g) 9 550 463 h) 9 499 837 i) 39 204 185 j) 49 618 739 k) 61 837 412 l) 17 Mio. m) 94 Mrd.

6 *Diagramme zeichnen*

1 Lies aus dem Diagramm die Längen der Flüsse ab und schreibe sie auf.

Donau: *2800 km* Rhein: *1300 km*

Nil: *6600 km* Mosel: *500 km*

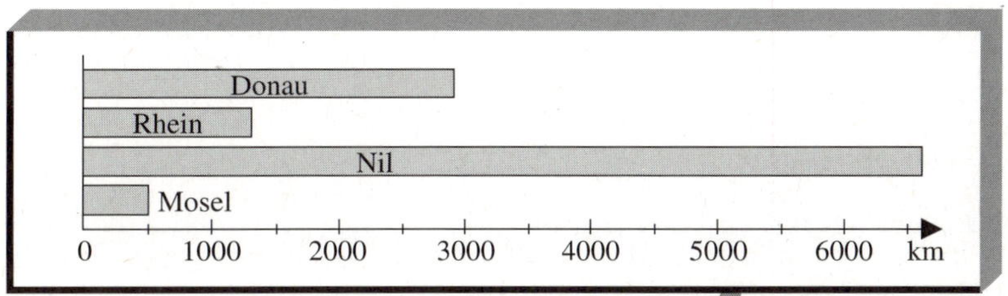

2 Veranschauliche die Längen folgender Flüsse im Diagramm. Runde die Längen auf Tausender.

Amazonas: 6437 km ≈ 6000 km

Elbe: 1165 km ≈ *1000 km*

Indus: 2847 km ≈ *3000 km*

Wolga: 3685 km ≈ *4000 km*

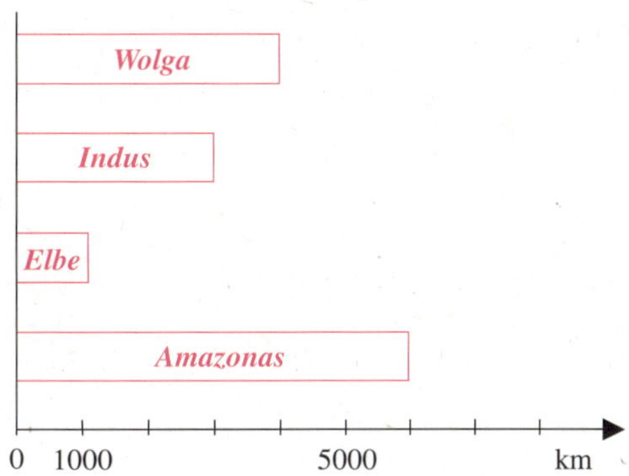

Nil in Afrika
Amazonas in Südamerika
Indus in Indien
Wolga in Rußland

3 In einer Sportzeitung sind die Besucherzahlen der Fußballbundesliga in einem Diagramm veranschaulicht.
a) Lies die fehlenden Zahlen ab und trage sie ein.
b) Ergänze das Diagramm mit den noch nicht dargestellten Vereinen.

Hamburger SV: *580000*

Werder Bremen: *450 000*

Bayern München: *850 000*

1. FC Kaiserslautern: 640 000

FC Schalke 04: 510 000

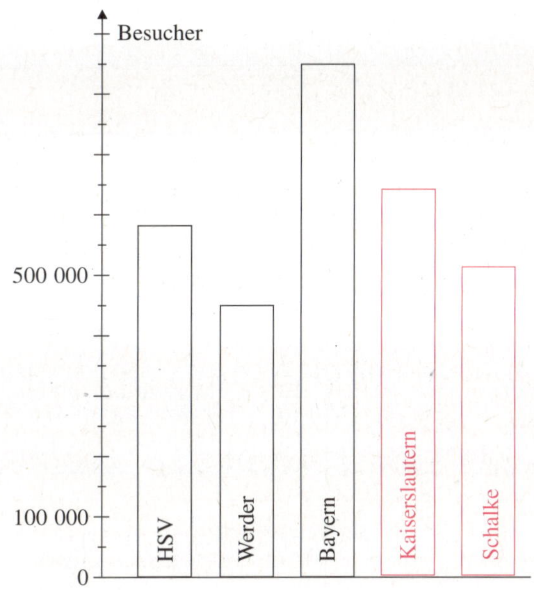

4 Veranschauliche die Höhen folgender Berge in einem Diagramm. Runde vorher auf Hunderter. (Nimm 1 cm für 100 m)

a) Donnersberg:	686 m	b) Einödriegel:	1121 m
Wasserkuppe:	950 m	Brocken:	1142 m
Taufstein:	773 m	Ölberg:	460 m
Lemberg:	1025 m	Jagdberg:	674 m

5 Veranschauliche die Lebensdauer folgender Tiere in einem Diagramm. Runde vorher auf Zehner. (Nimm 1 cm für 10 Jahre)

a) Schimpanse:	37 Jahre	b) Schildkröte:	190 Jahre
Elefant:	84 Jahre	Haushund:	22 Jahre
Pferd:	50 Jahre	Eule:	68 Jahre
Delfin:	30 Jahre	Adler:	55 Jahre

6 Veranschauliche die Höhen folgender Bauwerke in einem Diagramm. Runde vorher auf Zehner. (Nimm 2 mm für 10 m)

a) Empire State Building:	381 m	b) Cheopspyramide:	147 m
Eiffelturm:	300 m	Ulmer Münster:	161 m
Frauenkirche:	99 m	Staudamm:	223 m
Nikolai-Kirche:	145 m	Fernsehturm:	331 m
Funkturm:	150 m	Marktkirche:	98 m
Sears Tower:	442 m	Hochhaus:	419 m

7 Veranschauliche die Entfernungen folgender Planeten von der Erde in einem Diagramm. Runde vorher auf zehn Millionen km. (Nimm 1 cm für 20 Millionen km)

Venus:	41 Millionen km	Merkur:	92 Millionen km
Mars:	78 Millionen km	Sonne:	149 Millionen km

DIPLOM

1	Welche Zahlen gehören zu den Markierungen? 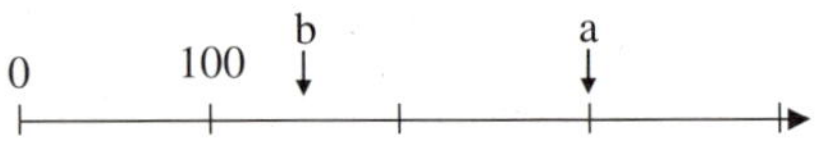 a) *300* b) *150*	Welche Zahlen gehören zu den Markierungen? 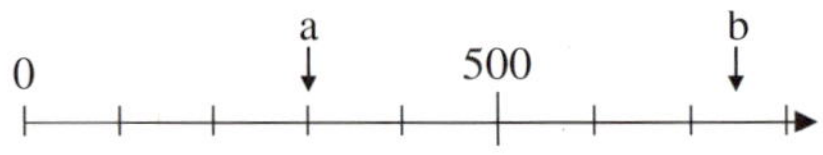 a) *300* b) *750*	Welche Zahlen gehören zu den Markierungen? 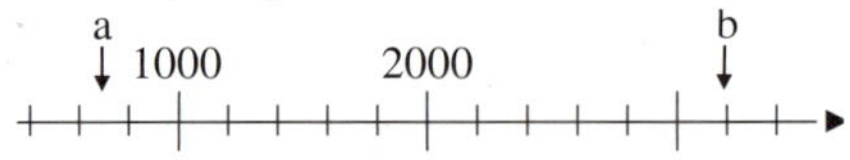 a) *700* b) *3 200*
2	Schreibe als Zahl. 80 000 + 700 + 50 + 1 *80 751*	Schreibe als Zahl. 9 000 000 + 400 000 + 7 000 + 600 + 30 *9 407 630*	Schreibe als Zahl. 3 000 000 + 60 000 + 8 000 + 40 *3 068 040*
3	Schreibe in Worten. 8 500 000 *acht Millionen* *fünfhunderttausend*	Schreibe in Worten. 20 030 000 *zwanzig Millionen* *dreißigtausend*	Schreibe in Worten. 17 000 420 000 *siebzehn Milliarden* *vierhundertzwanzigtausend*
4	Vergleiche. Setze < oder > ein. 43 000 000 *<* 340 000 000	Vergleiche. Setze < oder > ein. 21 000 000 000 *>* 720 000 000	Vergleiche. Setze < oder > ein. 4 530 000 000 *>* 453 100 000
5	Runde auf Tausender. 64 531 *≈ 65 000*	Runde auf Zehntausender. 298 451 *≈ 300 000*	Runde auf Hunderttausender. 9 943 628 *≈ 9 900 000*
6	Runde auf die erste Ziffer. 4493 *≈ 4 000*	Runde auf die erste Ziffer. 39 874 *≈ 40 000*	Runde auf die erste Ziffer. 970 032 *≈ 1 000 000*
7	Schreibe in Ziffern. 26 Millionen *26 000 000*	Schreibe in Ziffern. 9 Milliarden 4 Millionen *9 004 000 000*	Schreibe in Ziffern. 2 Billionen 7 Millionen *2 000 007 000 000*
	Bronze:	Silber:	Gold:

2 Zeichnen und messen

Falten

1

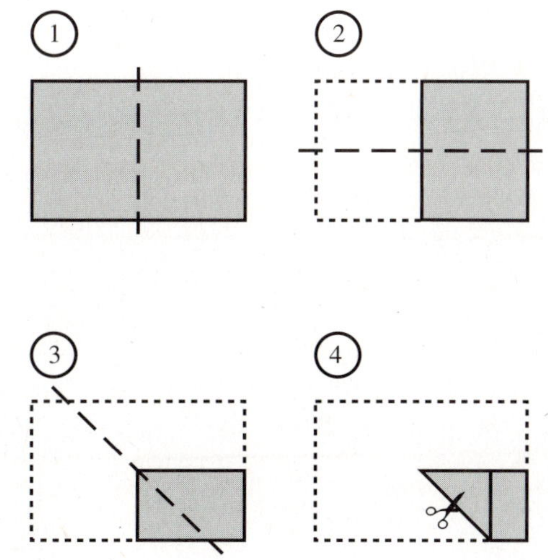

Fig. 1

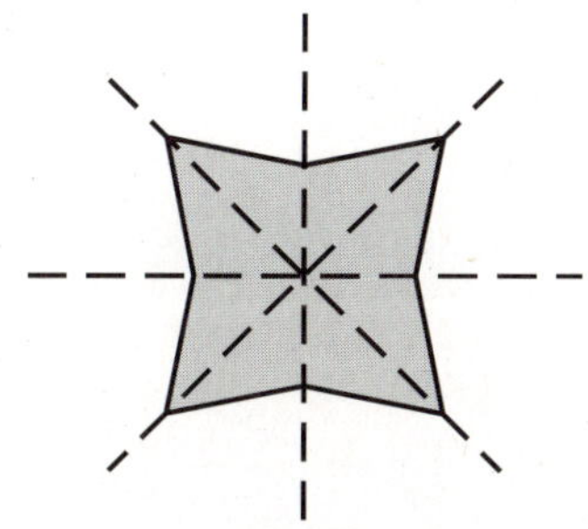

Fig. 2

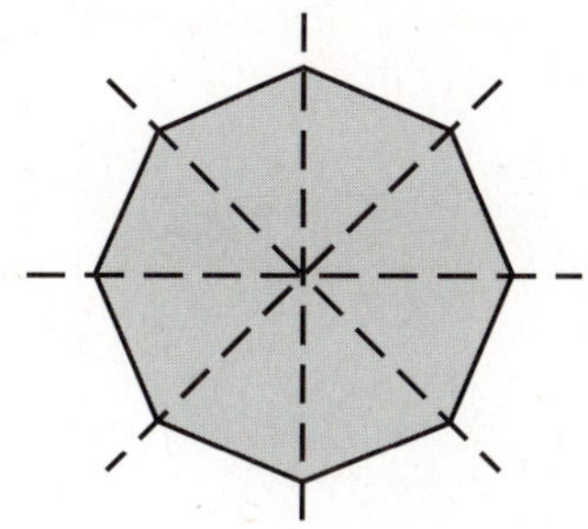

Fig. 3

a) Falte ein Blatt Papier wie in Fig. 1.
b) Schneide wie bei ④ die Spitze ab und falte auf. Vergleiche mit Fig. 2 und Fig. 3.
c) Versuche, durch Falten und Schneiden beide Figuren zu erhalten.

2

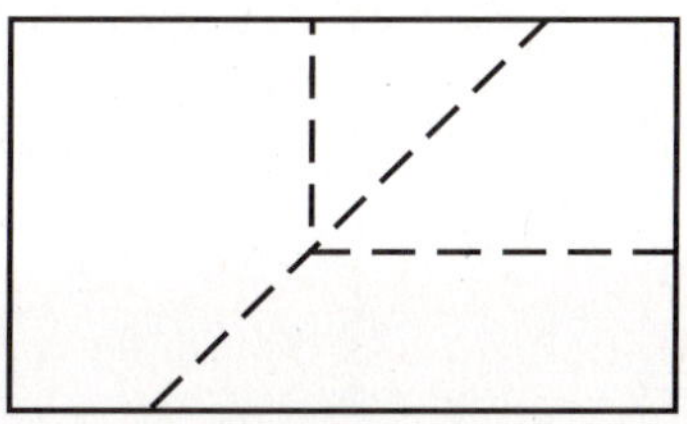

Fig. 4

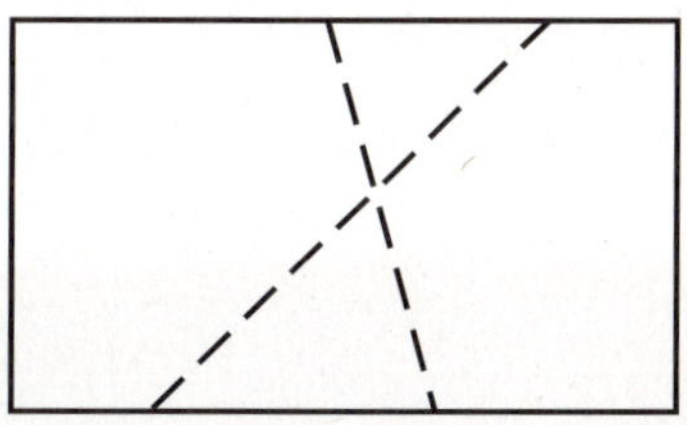

Fig. 5

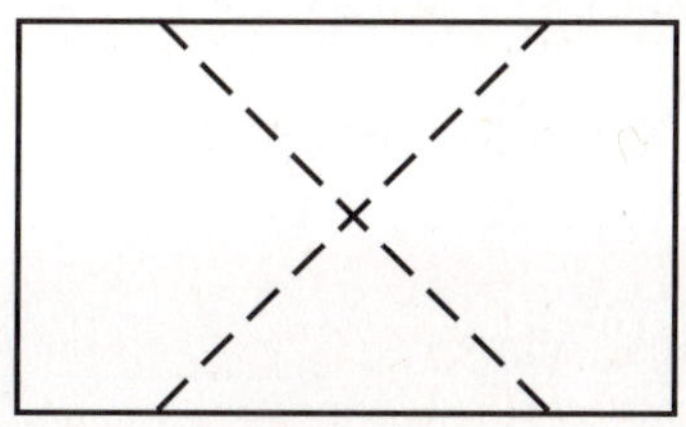

Fig. 6

a) Falte ein Blatt Papier zweimal. Versuche, das Faltbild in Fig. 4 zu erhalten.
b) Versuche, auch die Faltbilder in Fig. 5 und Fig. 6 zu erhalten. Du darfst jedes Mal zweimal falten.

3

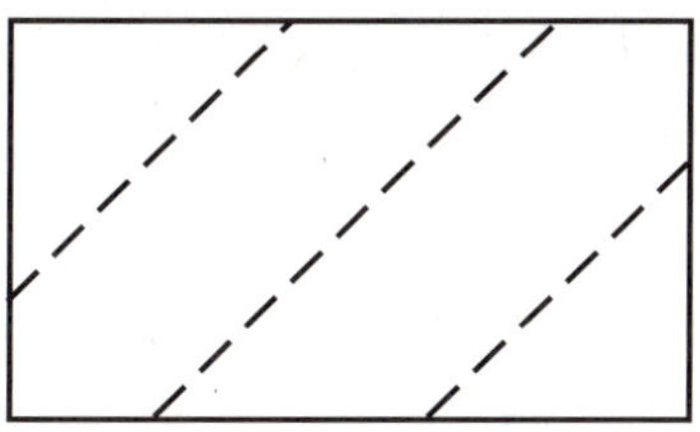

Fig. 7

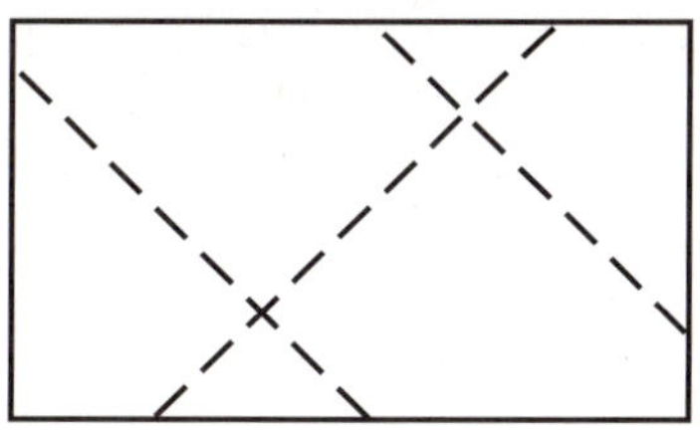

Fig. 8

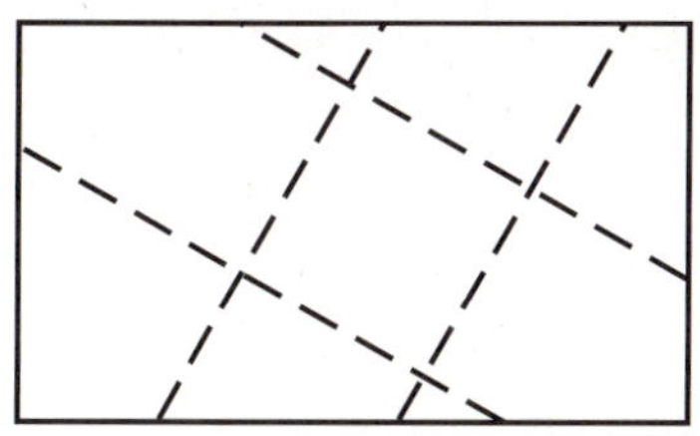

Fig. 9

Erzeuge Faltbilder mit drei und vier Faltlinien wie in Fig. 7 bis Fig. 9.

1 Gerade Linien zeichnen

1 Färbe in Fig. 1 Geraden grün, Halbgeraden blau und Strecken rot.

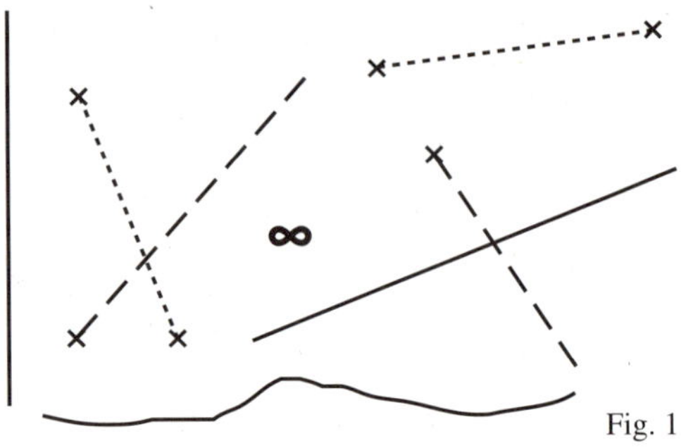
Fig. 1

Gerade Linien

Gerade g

Halbgerade (Strahl) h

Strecke $\overline{AB}$

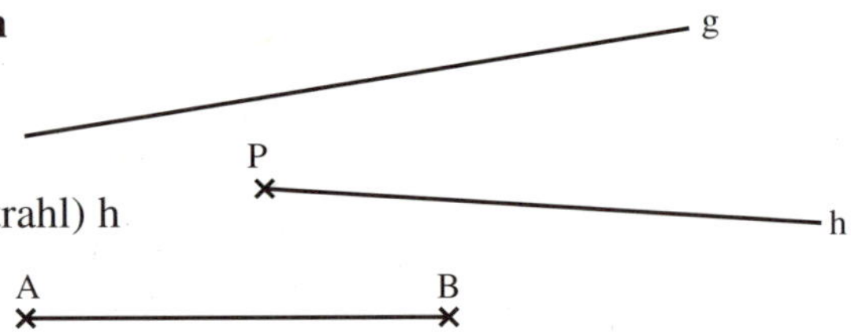

Gerade
– kein Anfangspunkt
– kein Endpunkt

Halbgerade
– ein Anfangspunkt
– kein Endpunkt

Strecke
– zwei Begrenzungspunkte

2

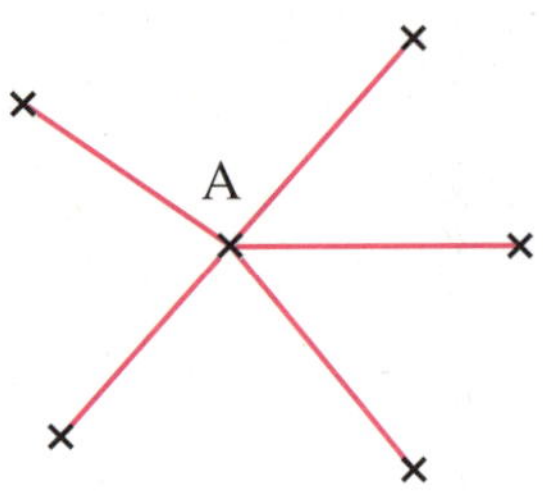

Fig. 2

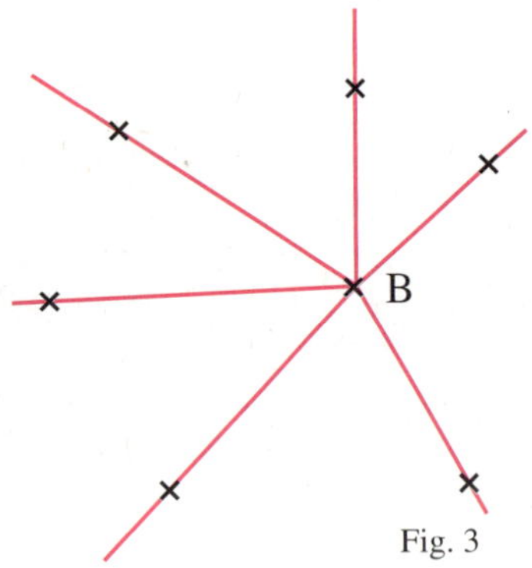

Fig. 3

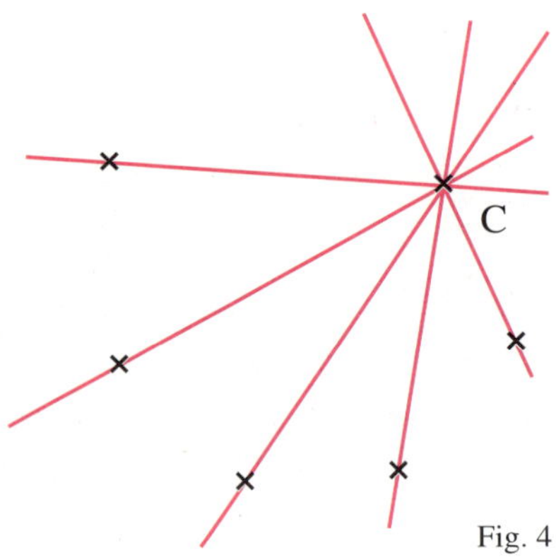

Fig. 4

a) Zeichne alle Strecken, die den Punkt A mit den anderen Punkten verbinden.

b) Zeichne von B aus alle Halbgeraden, die durch einen der anderen Punkte verlaufen.

c) Zeichne alle Geraden, die durch C und einen der anderen Punkte verlaufen.

Gerade Linien zeichnen

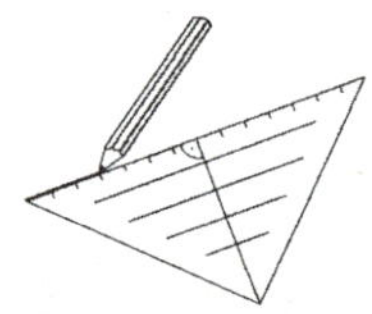

3 Trage ein: einen Anfangspunkt, keinen Anfangspunkt, keinen Endpunkt, von zwei Punkten begrenzt, keinen Endpunkt.

Eine Gerade hat *keinen Anfangspunkt*, *keinen Endpunkt*.

Eine Halbgerade hat *einen Anfangspunkt*, *keinen Endpunkt*.

Eine Strecke ist *von zwei Punkten begrenzt*.

Mit spitzem Bleistift zeichnen!

2.1 Zeichne einen Punkt. Nenne ihn R. Zeichne dann fünf Geraden, die durch R verlaufen.

2.2 a) Übertrage die Punkte von Fig. 5 auf Karopapier.
b) Zeichne in Rot die Strecken $\overline{AB}$, $\overline{BC}$, $\overline{CD}$ und $\overline{DA}$.
c) Zeichne in Grün je eine Gerade durch P und Q, durch Q und S und durch S und P.
d) Zeichne in Blau die Halbgeraden mit dem Anfangspunkt R, die durch A, B, C und D verlaufen.

4 a) Zeichne das Muster von Fig. 6 ab.
b) Welche Linien könnten Geraden sein? Färbe sie grün.
c) Färbe dann die Halbgeraden blau und die Strecken rot.

5 Zeichne eine Strecke $\overline{PQ}$. Zeichne von P aus drei Halbgeraden in Rot und von Q aus vier Halbgeraden in Grün.

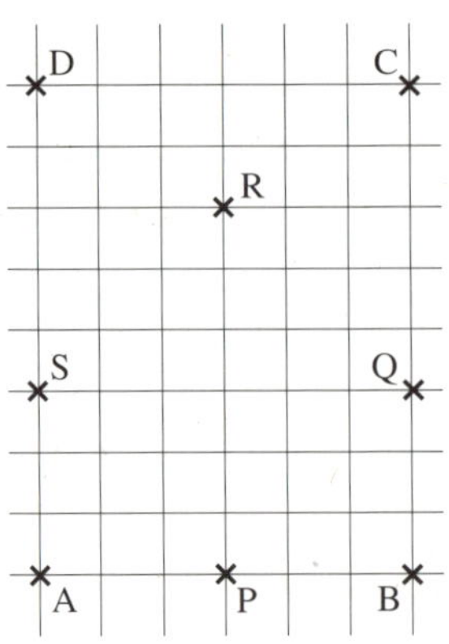

Fig. 5

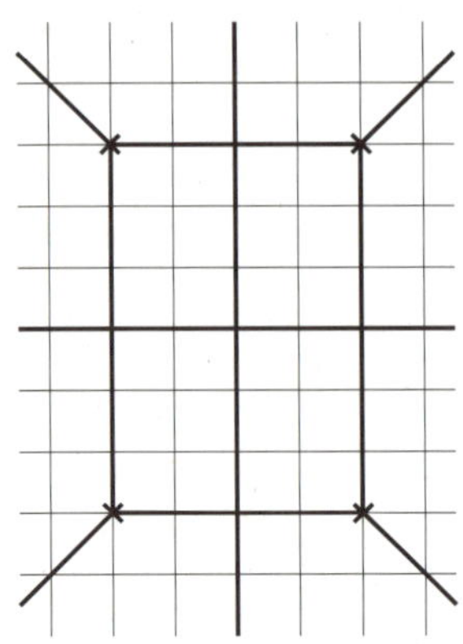
Fig. 6

2 Strecken messen

1 Fig. 1

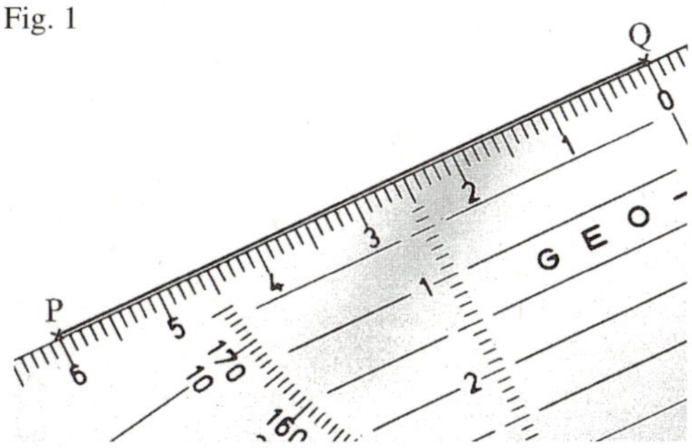

Strecken messen

Strecke $\overline{AB}$

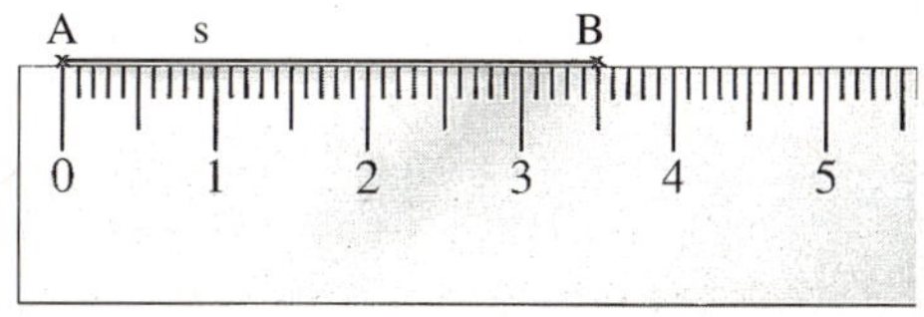

Länge s der Strecke $\overline{AB}$ s = 3,5 cm

Wie lang ist die Strecke $\overline{PQ}$? Lies am Geodreieck ab: *6 cm*

2 Miss die Längen der Strecken mit dem Geodreieck. Gib die Längen in cm an.

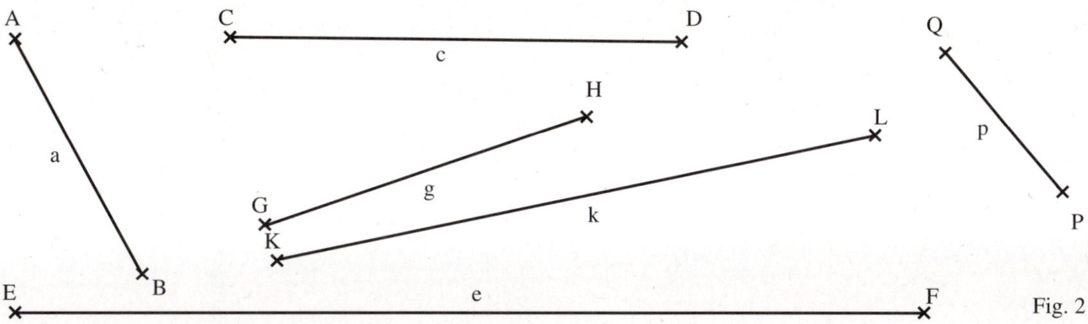

Fig. 2

Strecke	$\overline{AB}$	$\overline{CD}$	$\overline{EF}$	$\overline{GH}$	$\overline{KL}$	$\overline{PQ}$
Länge:	a = *3,5 cm*	c = *5,9 cm*	*e = 11,9 cm*	*g = 4,4 cm*	*k = 8,0 cm*	*p = 2,4 cm*

3 Gib Länge l und Breite b des Bildes auf dem Film, der Adresse und des Aufklebers in mm an.

Länge l
Breite b

Fig. 3

l = *36 mm* b = *24 mm*

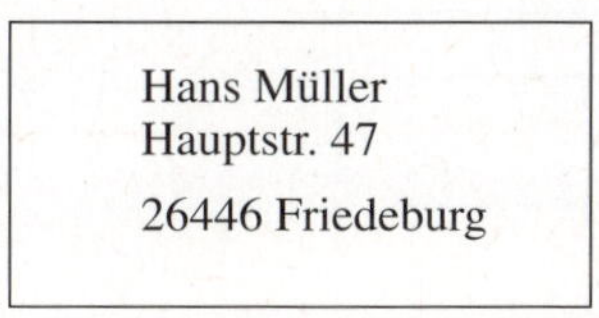

Fig. 4

l = *38 mm*

b = *19 mm*

Fig. 5

l = *28 mm*

b = *23 mm*

1.1 Wie lang sind die Kanten deines Geodreiecks?

2.1 Zeichne Strecken mit folgenden Längen:
a) $\overline{AB}$ mit a = 6 cm b) $\overline{CD}$ mit c = 9 cm
c) $\overline{EF}$ mit e = 48 mm d) $\overline{GH}$ mit g = 100 mm

3.1 Zeichne auf Karopapier Aufkleber wie in Fig. 4.
a) 100 mm lang und 50 mm breit, b) 25 mm lang und 25 mm breit.

4 Zeichne Fig. 6 ins Heft. Miss die Längen der Strecken. Lege eine Tabelle wie in Aufgabe 2 an.

•**5** a) Zeichne Fig. 6 auf Karopapier. Zeichne die Strecken $\overline{AB}$, $\overline{BC}$ und $\overline{AD}$ doppelt so lang.
b) Miss die anderen Strecken $\overline{DC}$ und $\overline{DB}$.

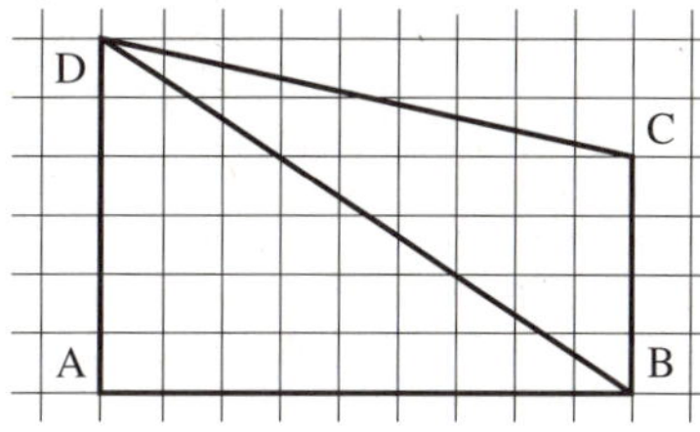

Fig. 6

3 Zueinander senkrechte Linien zeichnen

1 Welche Linien sind zueinander senkrecht? Trage das Zeichen ⊾ ein.

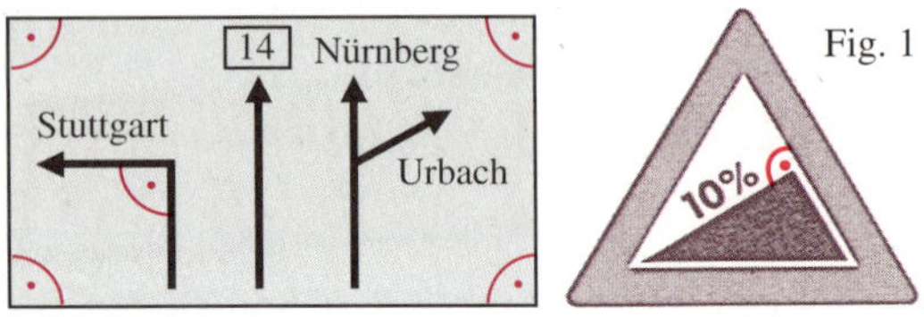

Fig. 1

Gerade zeichnen, die zueinander senkrecht sind

(1) Eine Gerade zeichnen

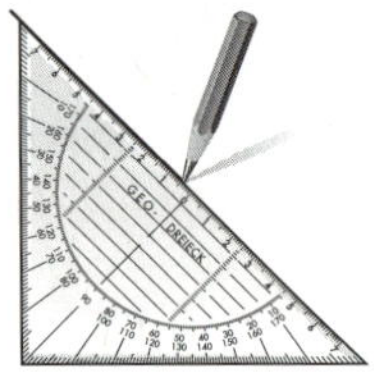

(2) Zweite Gerade senkrecht dazu zeichnen

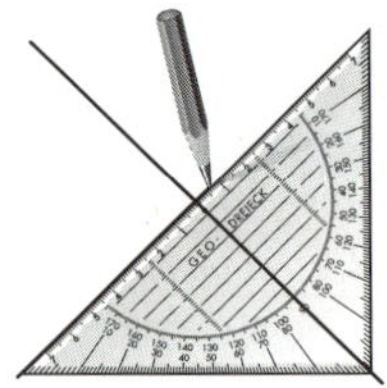

(3) Geraden bezeichnen, Zeichen ⊾ eintragen, Bezeichnung notieren

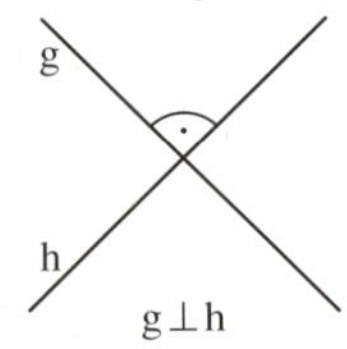

2 a) Zeichne
– durch P eine Gerade h mit h ⊥ g,
– durch Q eine Gerade k mit k ⊥ g.

b) Zeichne durch die Punkte A, B, C und D je eine Gerade, die senkrecht zur Geraden f ist. Bezeichne diese Geraden mit a, b, c und d.

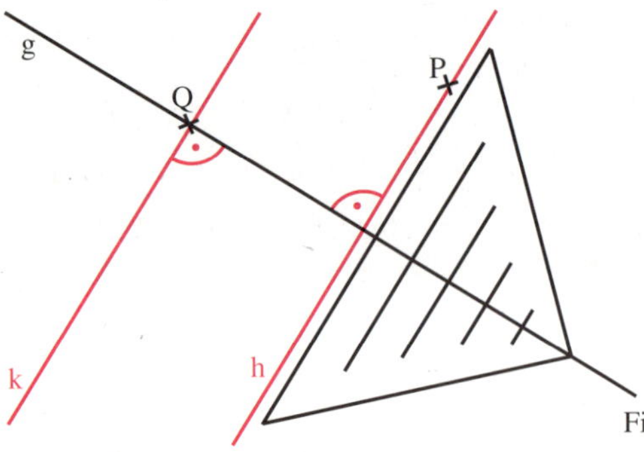

Fig. 2

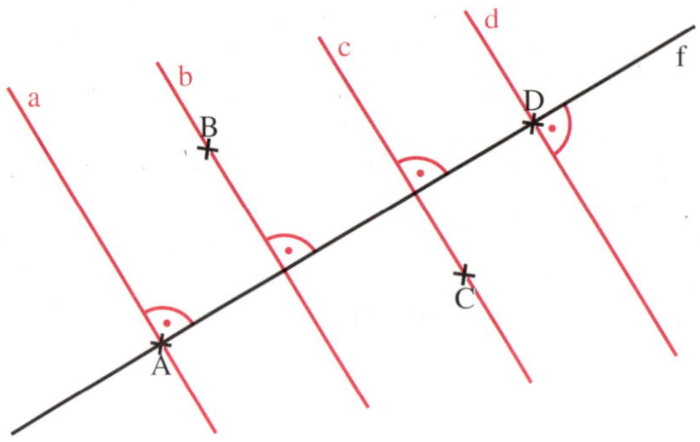

Fig. 3

g ⊥ h
g senkrecht zu h

⊾
rechter Winkel

3 Welche Geraden in Fig. 2 und Fig. 3 sind zueinander senkrecht? Notiere.

h ⊥ g   *k ⊥ g*   *a ⊥ f*   *b ⊥ f*   *c ⊥ f*   *d ⊥ f*

g ⊥ h ⇔ h ⊥ g

4 Welche Strecken sind senkrecht zueinander? Prüfe mit dem Geodreieck. Trage ⊾ ein.

Fig. 4

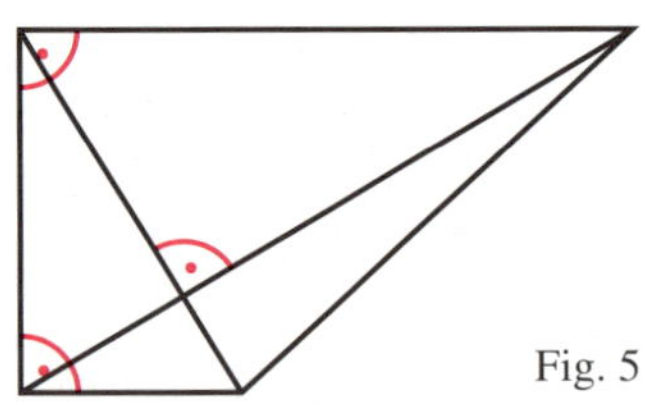
Fig. 5

2.1 a) Zeichne zwei Geraden, die zueinander senkrecht sind.
b) Zeichne zwei Geraden, die nicht zueinander senkrecht sind.

2.2 a) Zeichne eine Gerade g und zwei Punkte A und B, die nicht auf g liegen.
b) Zeichne durch A eine Gerade h mit h ⊥ g.
c) Zeichne durch B eine Gerade k mit k ⊥ g.

2.3 a) Zeichne eine Gerade a und zwei Punkte P und Q, die auf a liegen.
b) Zeichne durch P eine Gerade g mit g ⊥ a.
c) Zeichne durch Q eine Gerade k mit k ⊥ a.

5 Zeichne drei Geraden p, q und r mit
a) p ⊥ q und r ⊥ q, b) p ⊥ q und r ist nicht senkrecht zu q

6 a) Zeichne die Muster aus Fig. 6 und Fig. 7 ab und setze sie fort.
b) Zeichne die Muster auf unliniertes Papier.

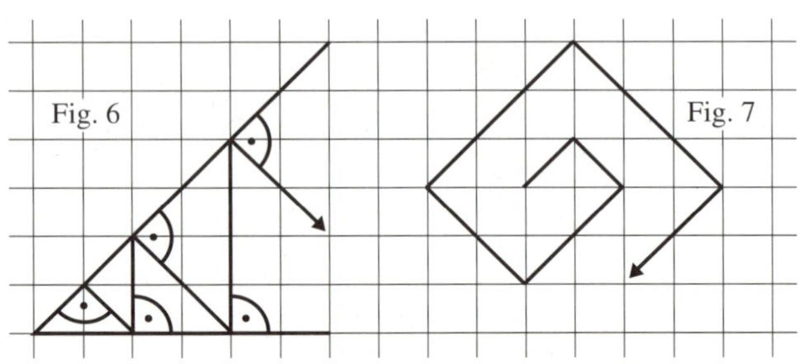
Fig. 6   Fig. 7

4 Zueinander parallele Linien zeichnen

1 Welche Zaunteile sind zueinander parallel? Färbe sie mit derselben Farbe.

Fig. 1

Gerade zeichnen, die zueinander parallel sind

(1) Eine Gerade zeichnen (2) Zweite Gerade parallel dazu zeichnen (3) Geraden bezeichnen, Beziehung notieren

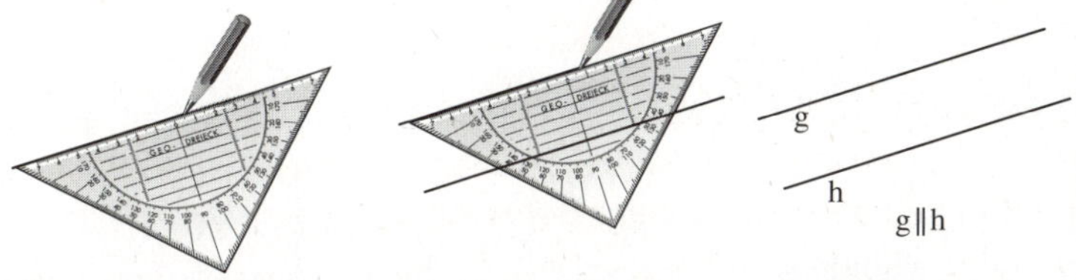

2 Zeichne drei Geraden h, i, j, die parallel zu g sind.

3 Zeichne durch die Punkte A, B und C je eine Gerade, die parallel zur Geraden k ist. Bezeichne die Geraden mit a, b und c.

$g \parallel h$
g parallel zu h

$g \nparallel h$
g <u>nicht</u> parallel zu h

rechter Winkel

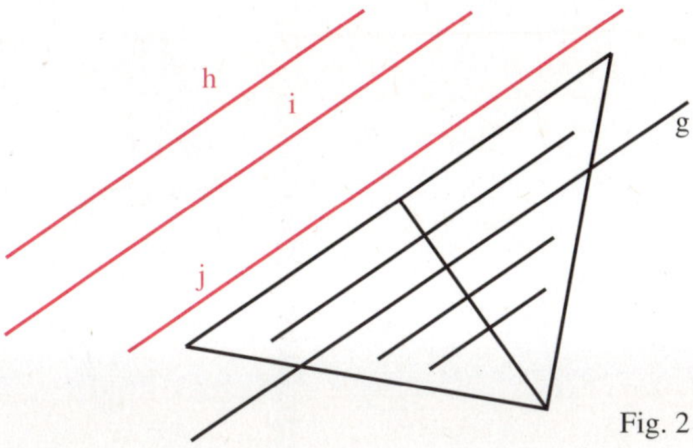

Fig. 2

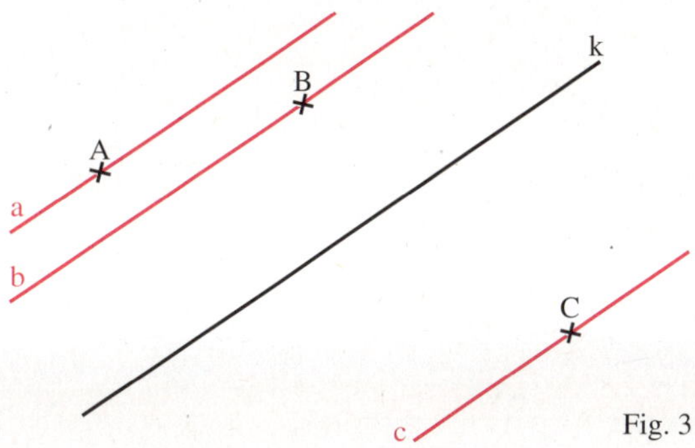

Fig. 3

4 Schreibe zu Fig. 3 auf, welche Geraden zueinander parallel sind.

a ∥ k   *b ∥ k*   *c ∥ k*   *a ∥ b*   *a ∥ c*   *b ∥ c*

$g \parallel h \Leftrightarrow h \parallel g$

5 Färbe in jeder Flagge zueinander parallele Linien mit derselben Farbe.

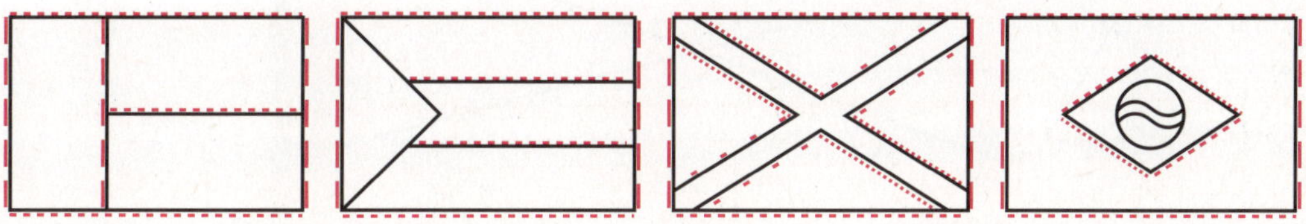

Fig. 4

2.1 Zeichne eine Gerade g. Zeichne dazu drei Parallelen.

3.1 a) Zeichne eine Gerade q und drei Punkte A, B und C, die nicht auf q liegen.
b) Zeichne durch A, B und C Geraden, die zu q parallel sind.

6 a) Zeichne zwei Geraden g und h, die sich schneiden.
b) Zeichne in Rot drei Geraden, die zu g parallel sind.
c) Zeichne in Grün drei Geraden, die zu h parallel sind.

7 Zeichne drei Geraden p, q und r
a) mit $p \parallel q$ und $r \perp q$,
b) mit $p \parallel q$ und $r \nparallel q$.

•8 Zeichne das Regal aus Fig. 5
a) auf Karopapier, b) auf unliniertes Papier.

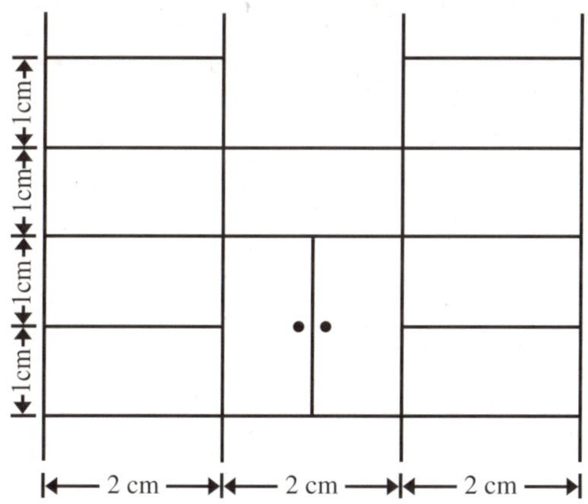

Fig. 5

5 *Abstände messen*

1

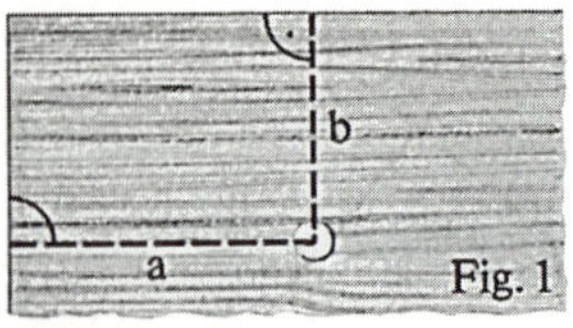

a = *2 cm*

b = *1,5 cm*

Fig. 1 zeigt ein Brett mit einem Bohrloch. Miss die Abstände a und b.

Abstand eines Punktes P von einer Geraden g bestimmen

(1) P und g zeichnen (2) Senkrechte zu g durch P zeichnen (3) Abstand a messen (4) Abstand a notieren

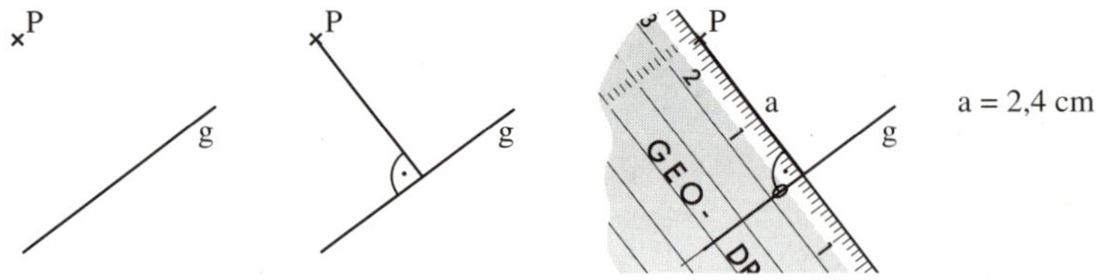

2 Miss die Abstände der Punkte A, B und C von der Geraden g.

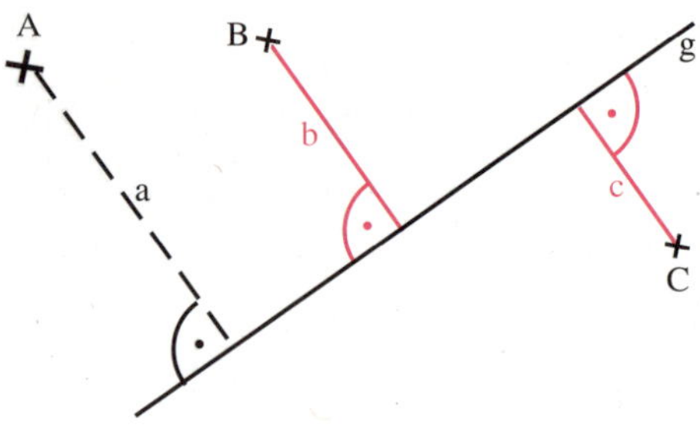

Fig. 2

a = 3 cm *b = 2 cm* *c = 1,5 cm*

3 Zeichne drei Punkte P, Q und R, die von der Geraden k folgende Abstände haben:
p = 2 cm, q = 3,5 cm, r = 23 mm.

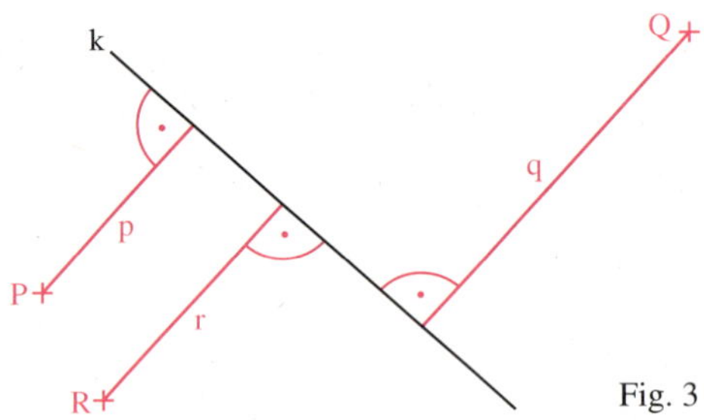

Fig. 3

Abstand zwischen zwei Parallelen

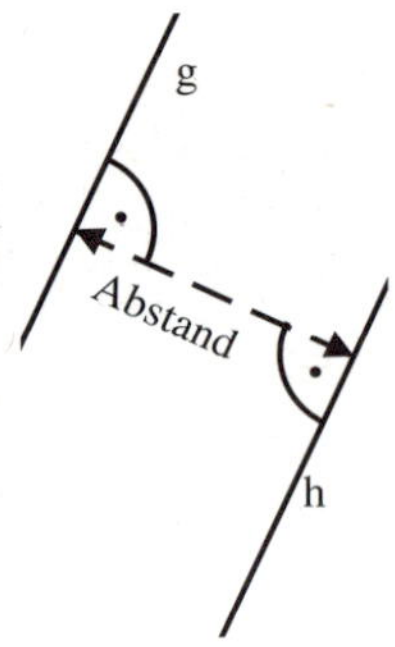

g || h

4 Miss die Abstände der parallelen Geraden.

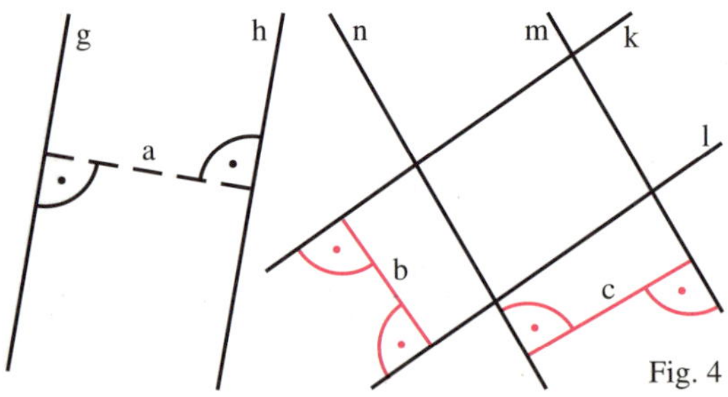

Fig. 4

a = *2 cm* *b = 1,5 cm* *c = 18 mm*

5 Zeichne Parallelen
a) zu g; Abstand jeweils 2 cm
b) zu h; Abstand jeweils 1,5 cm

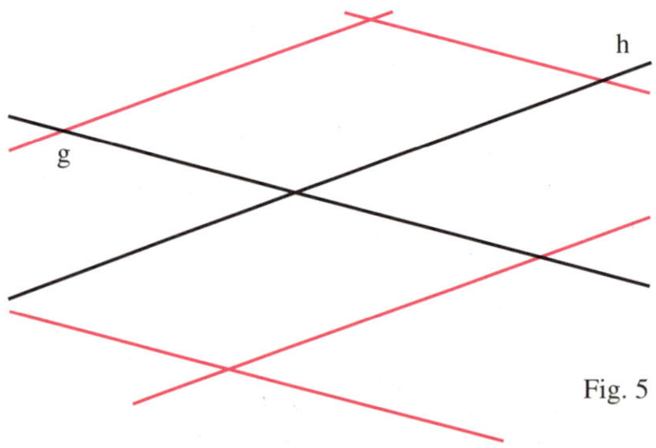

Fig. 5

2.1 Bestimme die Abstände der Punkte P, Q und R von der Geraden a.

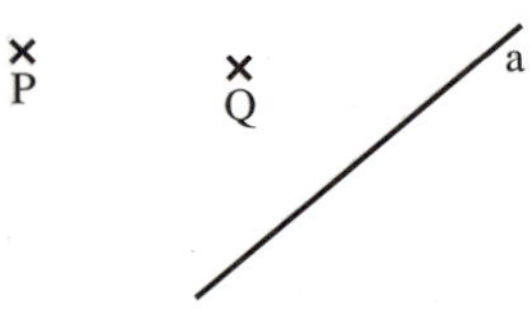

Fig. 6

3.1 Zeichne eine Gerade b. Zeichne drei Punkte E, F und G, die von der Geraden b folgende Abstände haben:
e = 3 cm, f = 4,5 cm, g = 28 mm.

4.1 Übertrage das Muster aus Fig. 7 auf Karopapier und bestimme für den Punkt P die Abstände von allen Geraden.

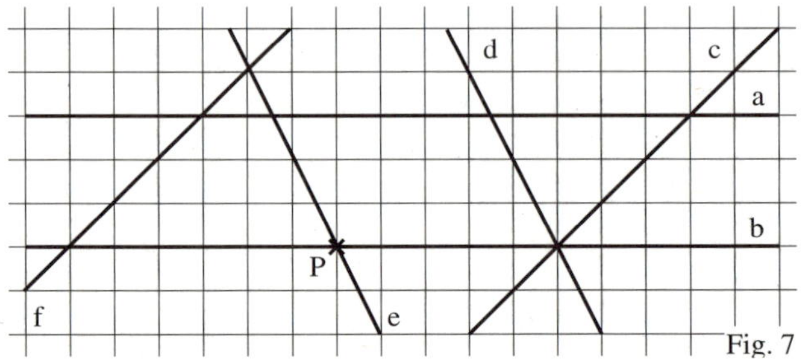

Fig. 7

6 Muster mit geraden Linien zeichnen

1 Ein Zeichner entwirft Wandverkleidungen aus Holz. Zeichne die folgenden drei Muster auf dem Karopapier (Fig. 1 – 3) weiter.

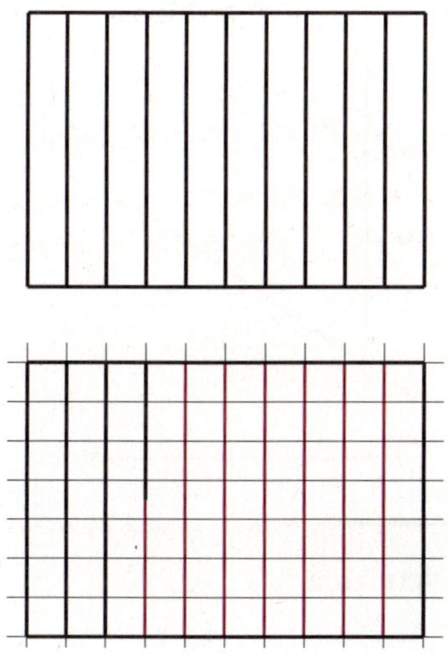
Fig. 1

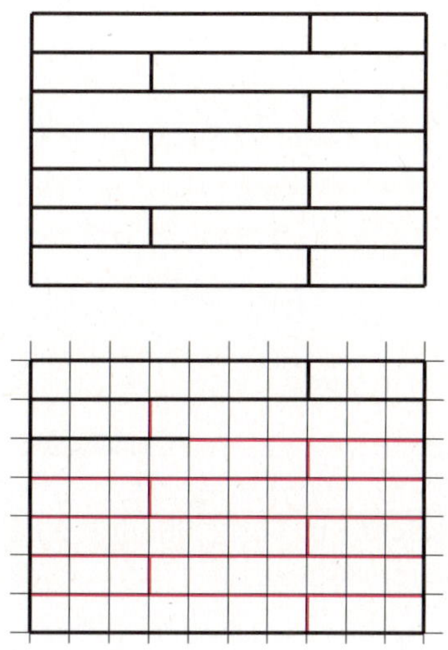
Fig. 2

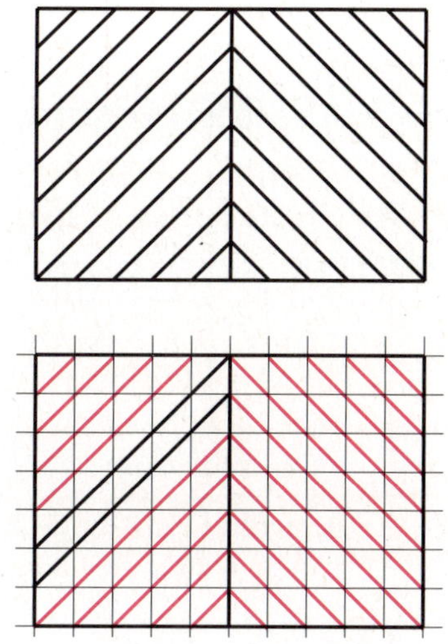
Fig. 3

2 Zeichne die Muster für Zäune auf dem Karopapier (Fig. 4 – 6) weiter.

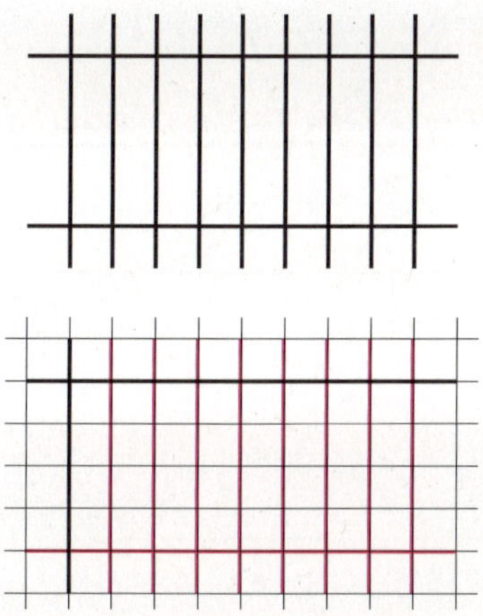
Fig. 4

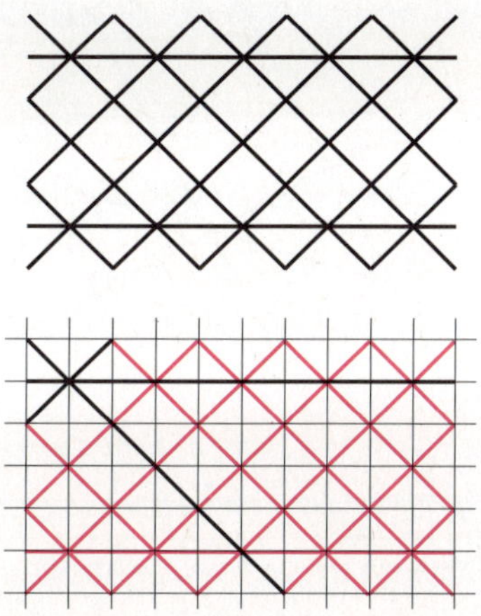
Fig. 5

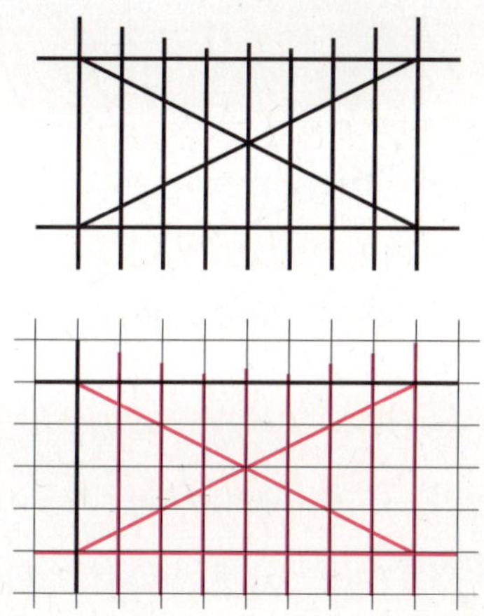
Fig. 6

3 Zeichne die Rankhilfen für Kletterpflanzen auf Karopapier.

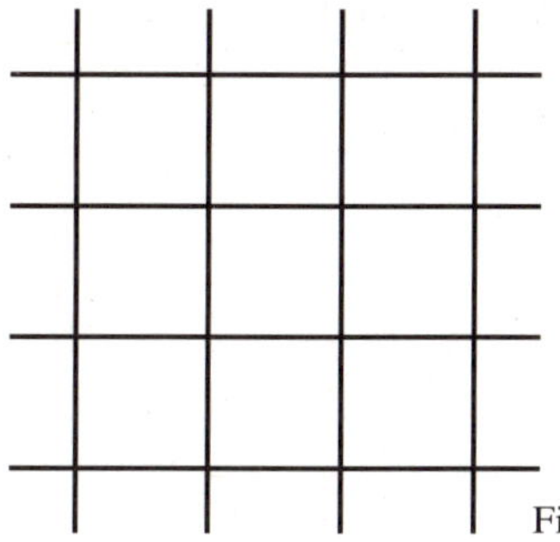
Fig. 7

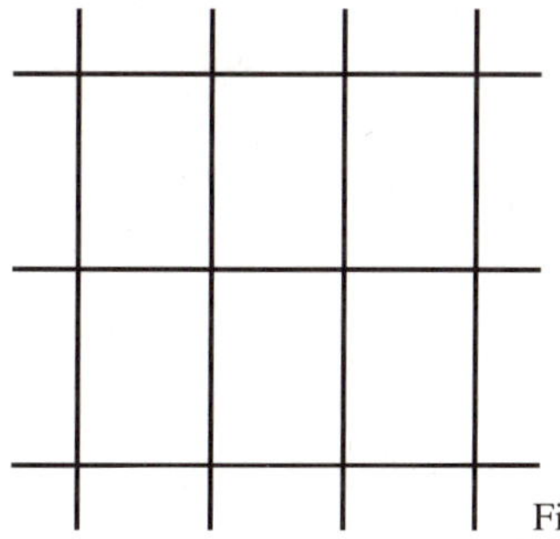
Fig. 8

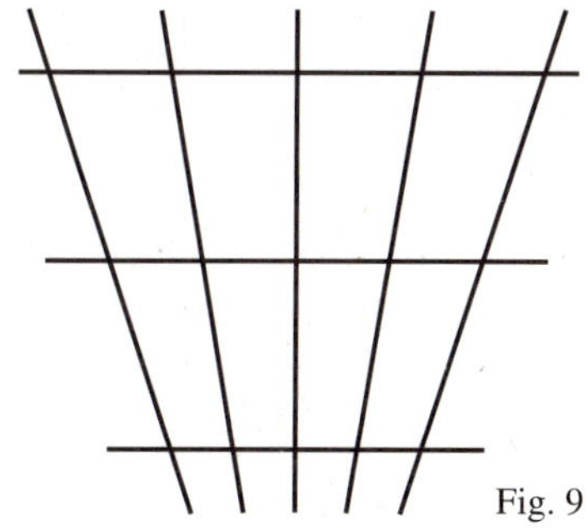
Fig. 9

•**4** Zeichne einige Muster dieser Seite auch auf unliniertes Papier.

DIPLOM

1

Zeichne durch P eine Gerade g mit g ⊥ a.

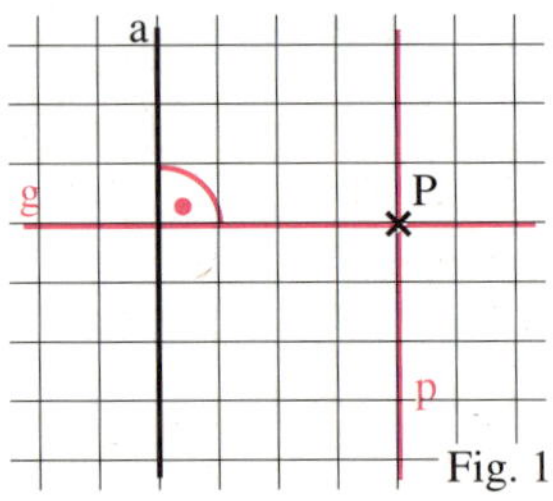

Fig. 1

Zeichne durch P eine Gerade g mit g ⊥ a.

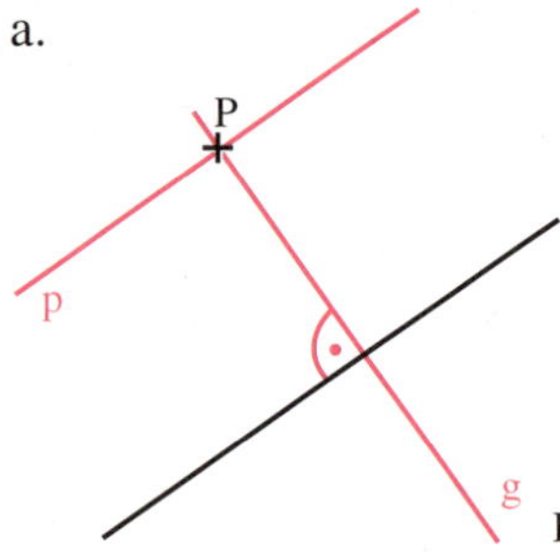

Fig. 2

Zeichne durch P eine Gerade g mit g ⊥ a.

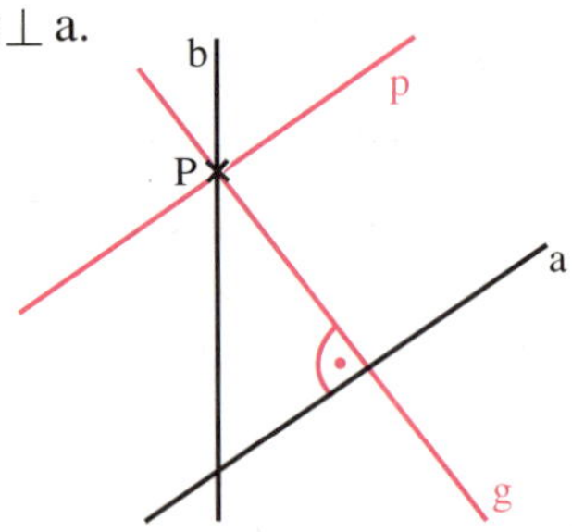

Fig. 3

2

Zeichne in Fig. 1 durch P eine Parallele p zu a.

Zeichne in Fig. 2 durch P eine Parallele p zu a.

Zeichne in Fig. 3 durch P eine Parallele p zu a.

3

Welche Geraden sind zueinander senkrecht, welche Geraden sind zueinander parallel ? Schreibe auf.

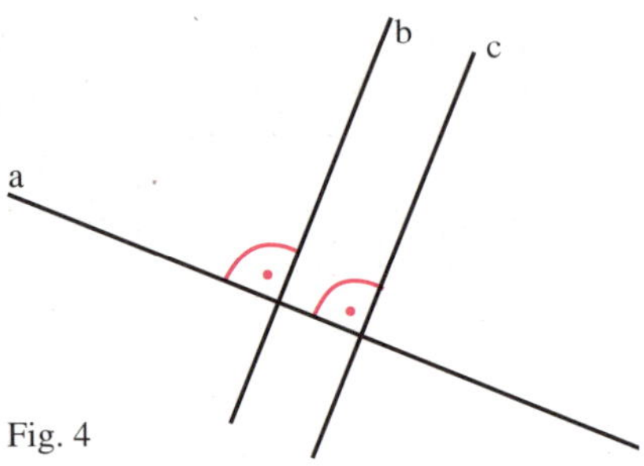

Fig. 4

a ⊥ b   *a ⊥ c*   *b ∥ c*

Welche Geraden sind zueinander senkrecht, welche Geraden sind zueinander parallel? Schreibe auf.

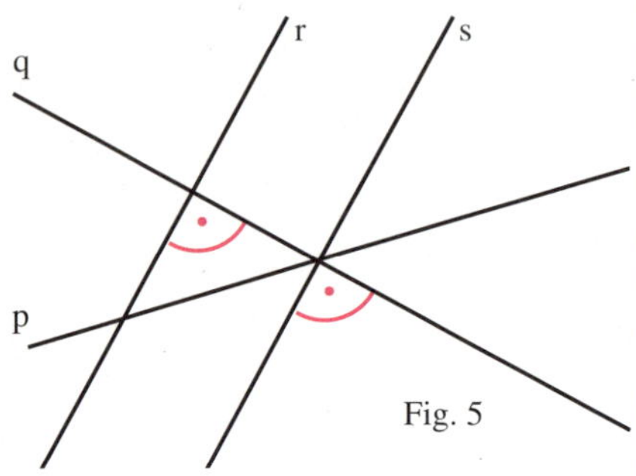

Fig. 5

q ⊥ r   *q ⊥ s*   *r ∥ s*

Welche Geraden sind zueinander senkrecht, welche Geraden sind zueinander parallel? Schreibe auf.

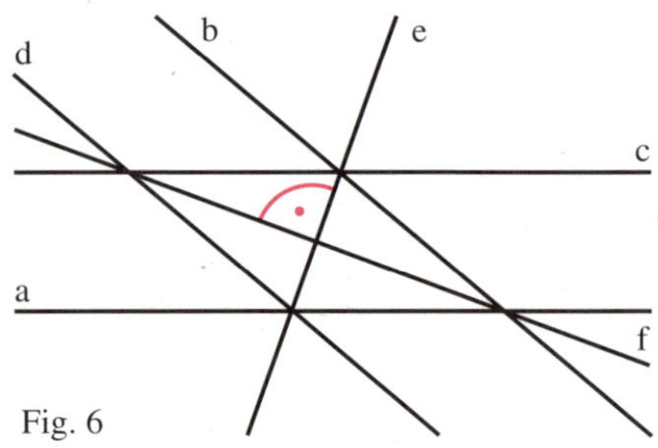

Fig. 6

e ⊥ f   *a ∥ c*   *b ∥ d*

4

Bestimme den Abstand des Punktes P von der Geraden g und von der Geraden h.

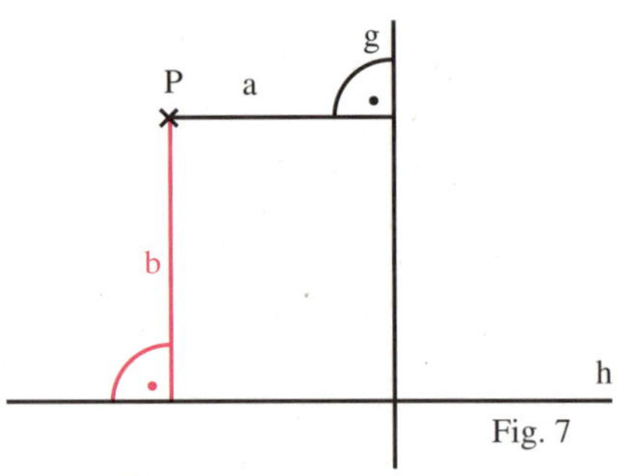

Fig. 7

a = 2 cm   *b = 2,5 cm*

Bestimme den Abstand des Punktes P von der Geraden g und von der Geraden h.

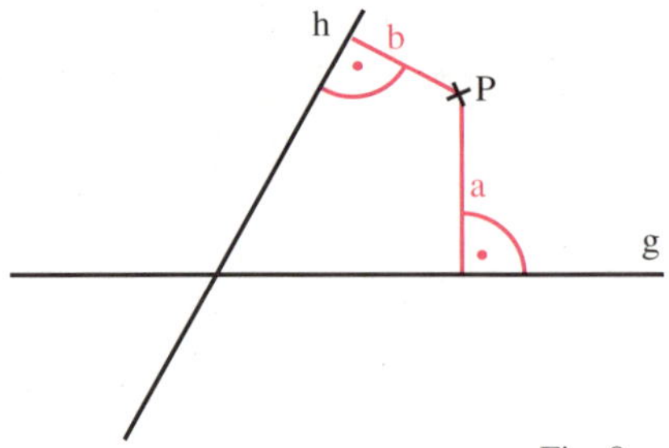

Fig. 8

a = 1,5 cm   *b = 1,0 cm*

Bestimme den Abstand des Punktes P von der Geraden g und von der Geraden h.

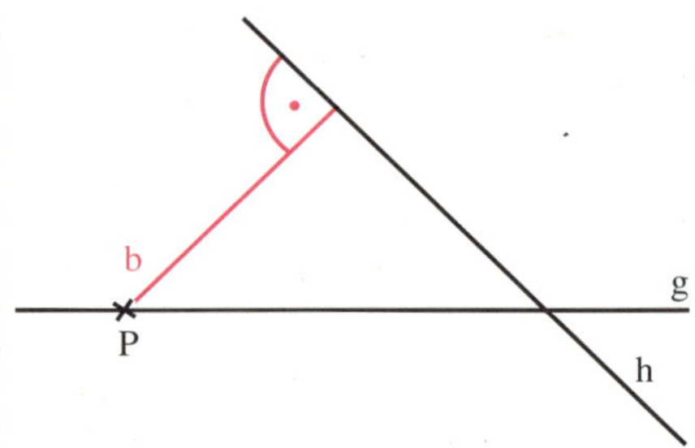

Fig. 9

a = 0 cm   *b = 2,4 cm*

Bronze: ☆ ☆ ☆   Silber: ☆ ☆ ☽ ☽   Gold: ☽ ☽ ☼ ☼

Spiel „Stellenwert“

Spielregel

- Jeder Spieler setzt 6 Chips auf die quadratischen Ausgangsfelder *(bei Minus auf die sechseckigen Felder)* des eigenen Spielfeldes.
- Würfeln, Chip in der E-Spalte entsprechend der gewürfelten Augenzahl weitersetzen *(bei Minus zurücksetzen)*. Beim nächsten Würfeln Chip in der Z-Spalte, danach in der H-Spalte usw. setzen.
- Kommt man beim Setzen eines Chips in die Kopfzeile *(bei Minus in die Fußzeile)*, muss in die Fußzeile *(Kopfzeile)* der gleichen Spalte gewechselt werden. Dazu muss auch der Chip in der links benachbarten Spalte um +1 *(um –1)* verändert werden.
- Das Spiel ist beendet, wenn jeder Chip einmal gesetzt wurde.
- Gewinner ist, wer die größere Zahl erreicht hat.

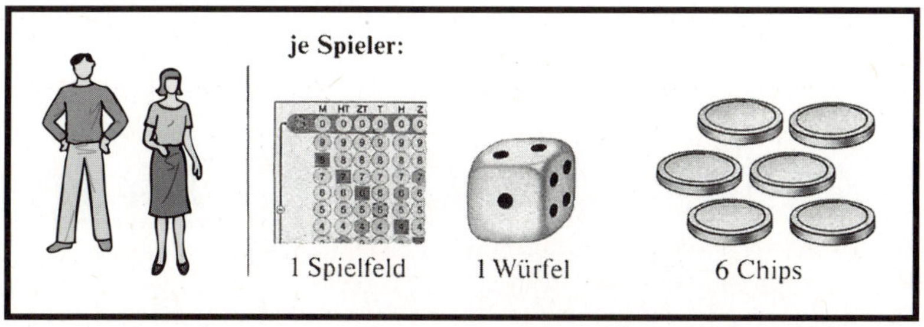

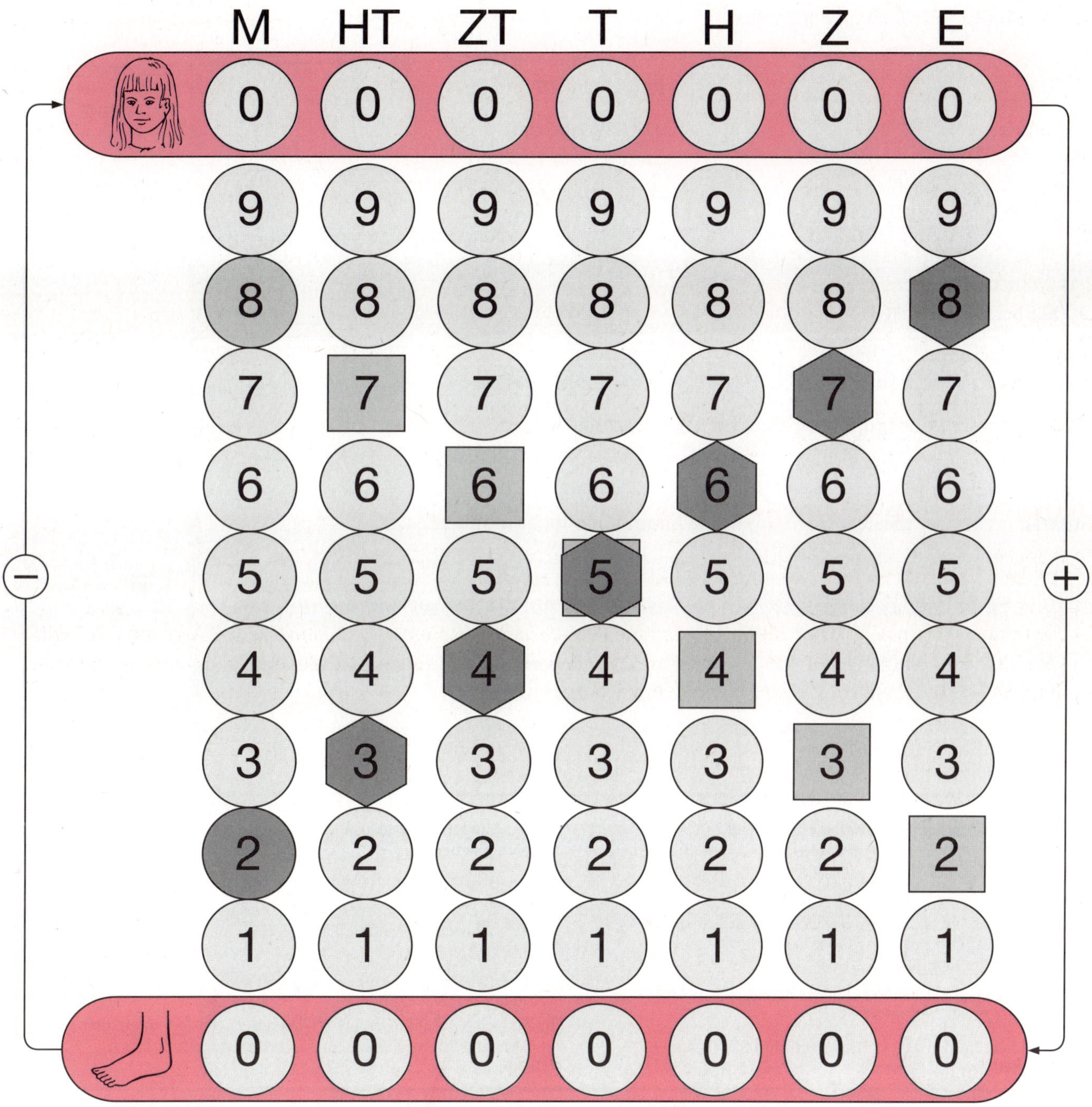

1 *Addieren und subtrahieren*

1 Notiere Aufgabe und Umkehraufgabe.

19 ⇄ 27 (+ 8 / − 8) — 19 + 8 = 27; 27 − 8 = 19

a) 26 ⇄ *43* (+ 17 / − 17) — 26 + *17 = 43*; *43 − 17 = 26*

b) 73 ⇄ *38* (− 35 / + 35) — *73 − 35 = 38*; *38 + 35 = 73*

Addition
addieren

Summanden → *48 + 37 = 85* → Summe

Subtraktion
subtrahieren

Minuend, Subtrahend → *85 − 37 = 48* → Differenz

Aufgabe: 48 —(+ 37)→ *85* — 48 + *37* = *85*
Umkehraufgabe: 48 ←(− 37)— *85* — 85 − *37* = *48*

\+ *plus*
− *minus*

2 Schreibe die Aufgabe und berechne.

a) Addiere 57 und 36. *57 + 36 = 93*

b) Berechne die Differenz von 79 und 60. *79 − 60 = 19*

c) Subtrahiere 16 von 93. *93 − 16 = 77*

d) Berechne die Summe von 13 und 89. *13 + 89 = 102*

e) Subtrahiere von 83 die Zahl 19. *83 − 19 = 64*

f) Addiere 77, 61 und 23. *77 + 61 + 23 = 161*

19; 64; 77; 93; 102; 161

zu 2

3 a) Addiere immer 123, bis 1000 überschritten ist. 106, 229, *352, 475, 598, 721, 844, 967, 1090*

b) Subtrahiere immer 72, bis keine Subtraktion mehr möglich ist. 503, 431, *359, 287, 215, 143, 71*

c) Addiere immer wieder dieselbe Zahl, bis 1000 überschritten ist.

637, 689, 741, *793, 845, 897, 949, 1001*

d) Subtrahiere immer dieselbe Zahl, bis keine Subtraktion mehr möglich ist.

243, 212, 181, *150, 119, 88, 57, 26*

26; 57; 71; 88; 119; 143; 150; 215; 287; 352; 359; 475; 598; 721; 793; 844; 845; 897; 949; 967; 1001; 1090

zu 3

•4 a) Welche Zahl muss man zu 306 addieren, um 741 zu erhalten?

741 − 306 = 435

b) Zu welcher Zahl muss man 641 addieren, um 819 zu erhalten?

819 − 641 = 178

1.1 Berechne und notiere die Umkehraufgabe.

a) 47 + 28	b) 73 − 19	c) 87 − 78	d) 82 + 39
e) 84 − 37	f) 33 + 88	g) 147 + 28	h) 250 − 61
i) 444 + 77	j) 300 − 177	k) 344 + 299	l) 511 − 312

2.1 a) Addiere 47 und 79. b) Subtrahiere von 120 die Zahl 66.
c) Berechne die Differenz von 200 und 78.
d) Berechne die Summe von 39 und 121.

2.2 a) Berechne die Summe von 70, 38 und 47.
b) Addiere 125, 63, 75 und 37.

3.1 Addiere immer 73, bis 1000 überschritten wird. Beginne bei 184.

3.2 Subtrahiere immer 29, bis keine Subtraktion mehr möglich ist. Beginne bei 308.

3.3 Addiere immer dieselbe Zahl, bis 1000 überschritten ist: 567, 640, 713, …

3.4 Subtrahiere immer dieselbe Zahl, bis keine Subtraktion mehr möglich ist: 911, 818, 725, …

•4.1 a) Welche Zahl muss man zu 150 addieren, um 238 zu erhalten?
b) Zu welcher Zahl muss man 67 addieren, um 251 zu erhalten?
c) Welche Zahl muss man von 333 subtrahieren, um 266 zu erhalten?

2 *Vorteilhaft addieren und subtrahieren*

Vorteilhaft addieren

① 67 + 26
= 67 + 20 + 6 = 93

② 382 + 97
= 382 + 100 – 3
= 482 – 3 = 479

Vorteilhaft subtrahieren

③ 84 – 36
= 84 – 30 – 6 = 48

④ 743 – 298
= 743 – 300 + 2
= 443 + 2 = 445

1 Löse auf verschiedenen Wegen.

a) 78 + 33

78 + 30 + 3 = *111*

78 + 3 + 30 = *111*

78 + 2 + 31 = *111*

b) 74 – 28

74 – 20 – 8 = *46*

74 – 8 – 20 = *46*

74 – 4 – 24 = *46*

2 Zerlege so, dass du die Aufgabe im Kopf lösen kannst.

⚠ Verschiedene Lösungswege möglich!

a) 618 + 33
618 + *2 + 31 = 651*

b) 91 – 27
91 *– 1 – 26 = 64*

c) 228 + 54
228 *+ 52 + 2 = 282*

d) 243 – 29
243 *– 23 – 6 = 214*

e) 553 + 26
553 *+ 20 + 6 = 579*

f) 390 – 73
390 *– 70 – 3 = 317*

3 Vereinfache, indem du zunächst eine zu große Zahl addierst bzw. subtrahierst.

a) 384 + 98
384 + 100 *– 2 = 482*

b) 475 – 97
475 – 100 *+ 3 = 378*

c) 477 + 296
477 *+ 300 – 4 = 773*

d) 381 + 99
381 *+ 100 – 1 = 480*

e) 734 – 198
734 *– 200 + 2 = 536*

f) 545 + 398
545 *+ 400 – 2 = 943*

4 Berechne vorteilhaft. Vertausche die Summanden.

a) 7 + 478
478 + 7 *= 485*

b) 47 + 635
635 + 47 = 682

c) 23 + 879
879 + 23 = 902

5 Vereinfache durch geschickte Anordnung und löse im Kopf.

a) +87 +13 +56
87 + 13 + 56 = 156

b) –27 +327 +176
327 – 27 + 176 = 476

c) +16 +84 +57 +43
57 + 43 + 84 + 16 = 200

46; 64; 111; 156; 200; 214; 282; 317; 378; 476; 480; 482; 485; 536; 579; 651; 682; 773; 902; 943

✔ zu 1 bis 5

2.1 Zerlege so, dass du die Aufgaben im Kopf lösen kannst.

a) 75 + 28	b) 67 + 25	c) 49 + 43	d) 87 – 34
e) 154 + 38	f) 237 + 38	g) 486 – 52	h) 795 – 67
i) 89 + 56	j) 67 + 48	k) 91 + 75	l) 143 – 72
m) 347 + 74	n) 831 + 87	o) 347 – 76	p) 671 – 88
q) 433 + 106	r) 788 + 203	s) 522 – 104	t) 677 – 102

3.1 Vereinfache, indem du zunächst eine zu große Zahl addierst bzw. subtrahierst.

a) 456 + 98	b) 513 + 99	c) 407 + 97	d) 356 – 98
e) 276 + 199	f) 562 + 397	g) 822 – 198	h) 918 – 299
i) 733 + 197	j) 356 + 299	k) 971 – 397	l) 844 – 299

4.1 Berechne vorteilhaft.

a) 34 + 234	b) 56 + 567	c) 17 + 888	d) 23 + 914
e) 99 + 517	f) 97 + 733	g) 16 + 449	h) 28 + 688

5.1 Vereinfache und löse im Kopf.

a) 34 + 87 + 66	b) 53 + 78 + 47
c) 23 + 68 + 32	d) 45 + 77 + 23
e) 78 – 28 + 47	f) 78 + 66 – 28
g) 1027 + 768 – 27	h) 2458 – 66 + 42
i) 46 + 75 + 54 + 25	j) 83 + 48 + 17 + 36
k) 432 + 87 + 13 – 32	l) 576 + 66 – 76 + 44
m) 1188 + 566 + 12 + 34	n) 2567 + 178 + 33 – 78

3 Rechnen mit Klammern

Was in Klammern steht, wird zuerst berechnet.

① 80 – (50 – 20)
= 80 – 30
= 50

② (80 – 50) – 20
= 30 – 20
= 10

() Klammern zuerst !

zu 1

1 Berechne zuerst die Klammern.

a) 67 – (48 – 16) = *67 – 32 = 35*

b) 89 – (37 + 28) = *89 – 65 = 24*

c) (100 – 50) + 73 = *50 + 73 = 123*

d) (76 – 26) – 49 = *50 – 49 = 1*

e) 200 – (77 + 23) + 55 = *200 – 100 + 55 = 155*

f) (77 + 33) – (100 – 50) = *110 – 50 = 60*

g) (99 – 70) – (80 – 66) = *29 – 14 = 15*

1; 15; 24; 35; 60; 123; 155

2 Setze – wenn notwendig – die fehlenden Klammern.

a) 34 + 17 – 16 = 35

b) 68 – (37 + 16) = 15

c) 70 – (30 – 20) = 60

d) 99 – 66 – 11 = 22

e) 10 + 8 – 3 – 9 = 6

f) 20 – (10 + 7) + 5 = 8

3 Schreibe mit Klammern und berechne dann.

a) Subtrahiere von 87 die Summe von 23 und 16.
87 – (23 + 16) = 48

b) Subtrahiere 66 von der Summe der Zahlen 97 und 39.
(97 + 39) – 66 = 70

c) Addiere die Differenz von 48 und 23 zu 97.
97 + (48 – 23) = 122

4 Berechne zuerst die innere und danach die äußere Klammer.

a) 200 – [100 – (50 + 20)]
= *200 – [100 – 70]*
= *200 – 30 = 170*

b) [400 – (100 – 75)] – 50
= *[400 – 25] – 50*
= *375 – 50 = 325*

Zunächst die innere () Klammer, dann die äußere [] Klammer berechnen.

5 Vervollständige die Rechenbäume. Schreibe dazu die Aufgaben.

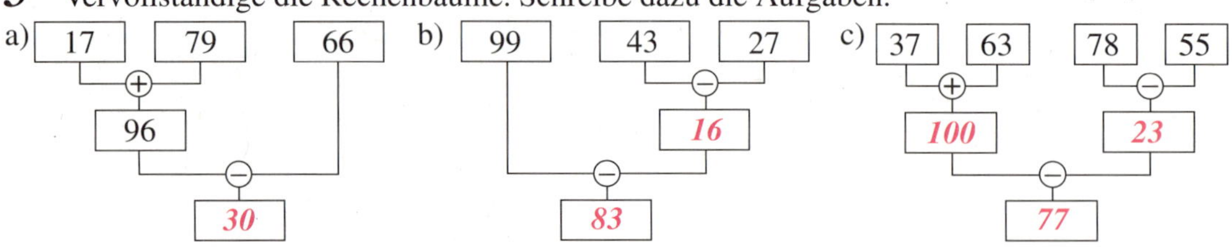

a) *(17 + 79) – 66 = 30*

b) *99 – (43 – 27) = 83*

c) *(37 + 63) – (78 – 55) = 77*

30; 48; 70; 77; 83; 122; 170; 325

zu 3, 4 und 5

1.1 Berechne.
a) 198 – (87 – 76)
b) (198 – 87) – 76
c) 198 – (87 + 76)
d) 234 – (102 – 98)
e) 234 – (102 + 98)
f) (234 – 102) – 98
g) 100 – (33 + 17 + 48)
h) 250 – (100 – 50) – 20
i) (87 – 23) – (31 + 17)
j) (87 + 23) – (31 – 17)

2.1 Übertrage ins Heft und setze die fehlenden Klammern.
a) 78 – 60 + 15 = 3
b) 78 – 60 + 15 = 33
c) 177 – 83 + 50 = 44
d) 100 – 50 + 20 – 10 = 20

3.1 Schreibe mit Klammern und berechne.
a) Subtrahiere von 100 die Differenz von 73 und 37.
b) Addiere zu 250 die Differenz von 95 und 95.

4.1 Berechne zuerst die innere, dann die äußere Klammer.
a) 500 – [100 – (100 – 50)]
b) 444 – [300 – (78 + 22)]
c) 800 – [(200 – 100) – (400 – 350)]

5.1 Berechne. Zeichne zur Lösungshilfe Rechenbäume.
a) 178 – (90 – 78)
b) 200 + (78 – 60)
c) 178 – (90 + 78)
d) 200 – (78 + 60)

4 Schriftlich addieren und subtrahieren

1 Überschlagsrechnungen

1 Runde

a) auf Hunderter		b) auf Tausender	
83**7**81 ≈	83 800	**1**3942 ≈	14 000
10**9**13 ≈	*10 900*	1**7**209 ≈	*17 000*
128 **6**63 ≈	*128 700*	**9**781 ≈	*10 000*
7**0**48 ≈	*7000*	18**1** 994 ≈	*182 000*

Runden

auf Zehner	auf Tausender	auf Hunderter
37**4**8 ≈ 3750	**3**748 ≈ 4000	3**7**48 ≈ 3700

Eine Rechnung mit gerundeten Zahlen heißt **Überschlagsrechnung.**

Aufgabe	1**3**76 + **7**12	**7**13 – **8**9
Überschlag	1400 + 700 = 2100	700 – 100 = 600

2 Runde.

	a) 7387	b) 2916	c) 5802	d) 1089	e) 25 872	f) 30 917
≈ auf Hunderter	*7400*	*2900*	*5800*	*1100*	*25 900*	*30 900*
≈ auf Zehner	*7390*	*2920*	*5800*	*1090*	*25 870*	*30 920*
≈ auf Tausender	*7000*	*3000*	*6000*	*1000*	*26 000*	*31 000*

≈ rund

3 Runde beide Zahlen auf den höchsten Stellenwert der kleineren Zahl.

Beispiel: **8**3; 7**1**9	a) 4320; 787	b) 36; 872	c) 2106; 967
80; 720	*4300; 800*	*40; 870*	*2100; 1000*

zu 3
Zahlen auf gleiche Stelle runden

4 Führe eine Überschlagsrechnung durch.

a) 83 + 47 ≈ *80 + 50 = 130*

b) 811 – 385 ≈ *800 – 400 = 400*

c) 87 + 52 + 79 ≈ *90 + 50+ 80 = 220*

d) 2783 – 219 ≈ *2800 – 200 = 2600*

e) 7813 + 195 ≈ *7800 + 200 = 8000*

f) 8089 + 13 + 3901 ≈ *8000 + 0 + 4000 = 12 000*

•**5** Kontrolliere mit einer Überschlagsrechnung, ob das Ergebnis stimmen kann oder eindeutig falsch ist.

Aufgabe	Überschlagsrechnung	kann stimmen/falsch
a) 729 + 582 + 433 = 1744	*700 + 600 + 400 = 1700*	*kann stimmen*
b) 8971 – 1893 = 8078	*9000 – 2000 = 7000*	*falsch*
c) 95 + 634 + 178 = 907	*100 + 600 + 200 = 900*	*kann stimmen*

Überschlag

1.1 a) Runde auf Hunderter:
6789; 9056; 791; 3088; 6903; 11 333; 444; 67 890; 956.
b) Runde auf Tausender:
7855; 27 855; 627 855; 711; 3711; 8015; 78 015; 19 603.

2.1 Runde auf Hunderter, Zehner und Tausender.
a) 34 189 b) 16 723 c) 9704 d) 20 603 e) 69 176

3.1 Runde auf den höchsten Stellenwert der kleineren Zahl.
a) 487; 7312 b) 67; 849 c) 7201; 877 d) 35; 6266

4.1 Führe eine Überschlagsrechnung durch.

a) 87 + 54	b) 471 + 288	c) 92 – 53
d) 7312 + 6188	e) 7078 – 4139	f) 5867 + 1903
g) 82 + 58 + 71	h) 7912 + 8167	i) 72 652 + 21 675

•**5.1** Kontrolliere mit einer Überschlagsrechnung, ob das Ergebnis stimmen kann oder eindeutig falsch ist.
a) 827 + 386 + 507 = 1720 b) 7856 – 5972 = 2884
c) 8103 + 6901 + 2207 = 19 211 d) 8329 – 718 = 7611

2 *Schriftlich addieren*

1 Berechne.

a)

	7	1	2
+	2	4	3
	9	5	5

b)

	6	4	2
+	1	3	5
	7	7	7

c)

	4	0	7	4
+	3	6	2	5
	7	6	9	9

d)

	5	1	0	8
+	3	0	7	1
	8	1	7	9

Aufgabe 6147 + 909

(1) Zahlen stellengerecht untereinander schreiben
(2) Stellenweise addieren, Übertrag notieren
(3) Mit der Überschlagsrechnung kontrollieren

	6	1	4	7
+		9	0	9
	1		1	←Übertrag
	7	0	5	6

Ü: 6100 + 900 = 7000
Ergebnis kann stimmen.

Stellenweise addieren

Einer plus **E**iner
Zehner plus **Z**ehner
…

Übertrag notieren

2 Berechne.

a)

	6	4	7
+	3	2	5
		1	
	9	7	2

b)

	2	1	8
+	7	7	7
		1	
	9	9	5

c)

	6	4	3
+	1	8	4
	1		
	8	2	7

d)

	3	4	7
+	2	7	8
	1	1	
	6	2	5

e)

	4	9	3
+	3	1	7
	1	1	
	8	1	0

3 Schreibe die Zahlen stellengerecht untereinander und berechne.

a) 5607 + 2845

	5	6	0	7
+	2	8	4	5
	1		1	
	8	4	5	2

b) 8026 + 1874 + 4260

		8	0	2	6
+		1	8	7	4
+		4	2	6	0
		1	1	1	
	1	4	1	6	0

c) 457 + 8946 + 25

		4	5	7
+	8	9	4	6
+			2	5
	1	1	1	
	9	4	2	8

d) 12 867 + 3908 + 8063

	1	2	8	6	7
+		3	9	0	8
+		8	0	6	3
	1	1	1	1	
	2	4	8	3	8

4 Berechne. Kontrolliere mit einer Überschlagsrechnung.

a) 7796 + 2167 b) 3872 + 6214 + 2977 c) 3901 + 4288 d) 5788 + 710 + 6985

a)

		7	7	9	6
+		2	1	6	7
			1	1	
		9	9	6	3

b)

		3	8	7	2
+		6	2	1	4
+		2	9	7	7
	1	2	1	1	
	1	3	0	6	3

c)

	3	9	0	1
+	4	2	8	8
	1			
	8	1	8	9

d)

		5	7	8	8
+			7	1	0
+		6	9	8	5
	1	2	1	1	
	1	3	4	8	3

a) Ü: 8000 + 2000 = 10000
b) Ü: 4000 + 6000 + 3000 = 13000
c) Ü: 4000 + 4000 = 8000
d) Ü: 6000 + 1000 + 7000 = 14000

625; 777; 810; 827; 955; 972; 995; 7699; 8179; 8189; 8452; 9428; 9963; 13 063; 13 483; 14 160; 24 838

zu 1 bis 4

3.1 Schreibe stellengerecht untereinander und berechne.

a) 345 + 452 b) 781 + 216 c) 362 + 527
d) 783 + 457 e) 494 + 375 f) 808 + 597
g) 356 + 786 + 573 h) 807 + 944 + 6505
i) 7076 + 5673 + 59 + 512 j) 94 + 4508 + 347 + 74 321
k) 78 606 + 5071 + 798 + 34 l) 809 + 7044 + 89 + 11 890
m) 98 033 + 456 781 + 56 705 n) 98 765 + 99 042 + 567 103
o) 33 + 333 + 333 + 3333 p) 88 + 8888 + 888 + 888 888

4.1 Berechne. Kontrolliere mit einer Überschlagsrechnung.

a) 689 + 326 b) 881 + 723
c) 789 + 533 + 607 d) 4012 + 7788 + 2908 + 5206
e) 87 + 634 + 91 + 712 f) 8704 + 3056 + 120 + 2988
g) 876 + 555 + 709 + 98 h) 12 987 + 39 568 + 50 678
i) 588 904 + 104 754 j) 77 077 + 12 908 + 59 011
k) 7844 + 257 + 45 + 7901 l) 1 234 567 + 7 899 876
m) 9644 + 312 + 87 + 785 n) 889 + 31 + 598 + 416 + 63

3 *Schriftlich subtrahieren*

1 Berechne.

a)		8	7	5	
	−	2	4	3	
		6	*3*	*2*	

b)		9	4	7	
	−	7	3	6	
		2	*1*	*1*	

c)		8	7	4	9
	−	5	4	3	8
		3	*3*	*1*	*1*

d)		9	4	3	6	7
	−	9	3	2	3	7
			1	*1*	*3*	*0*

Aufgabe 7219 − 587

(1) Zahlen stellengerecht untereinander schreiben

(2) Stellenweise subtrahieren, Übertrag notieren

	7	2	1	9
−		5	8	7
	1	1			← Übertrag
	6	6	3	2

(3) Mit der Überschlagsrechnung kontrollieren

Ü: 7200 − 600 = 6600
Ergebnis kann stimmen.

2 Berechne.

a)

	9	4	6
−	7	8	5
	1		
	1	*6*	*1*

b)

	7	4	3
−	6	2	8
		1	
	1	*1*	*5*

c)

	4	3	2	1
−	1	5	7	4
	1	*1*	*1*	
	2	*7*	*4*	*7*

d)

	7	0	9	4	3
−	5	2	8	5	9
	1		*1*	*1*	
	1	*8*	*0*	*8*	*4*

3 Schreibe die Zahlen stellengerecht untereinander und berechne.

a) 758 − 547 b) 903 − 485 c) 7563 − 3841 d) 8126 − 7438 e) 86 732 − 12 906

	7	5	8
−	5	4	7
	2	*1*	*1*

	9	0	3
−	4	8	5
	1	*1*	
	4	*1*	*8*

	7	5	6	3
−	3	8	4	1
	1			
	3	*7*	*2*	*2*

	8	1	2	6
−	7	4	3	8
	1	*1*	*1*	
		6	*8*	*8*

	8	6	7	3	2
−	1	2	9	0	6
		1		*1*	
	7	*3*	*8*	*2*	*6*

4 Berechne. Kontrolliere mit einer Überschlagsrechnung.

a) 8973 − 3142 b) 713 − 498 c) 48 706 − 39 031 d) 9002 − 4890 e) 6314 − 498

a)

	8	*9*	*7*	*3*
−	*3*	*1*	*4*	*2*
	5	*8*	*3*	*1*

b)

	7	*1*	*3*
−	*4*	*9*	*8*
	1	*1*	
	2	*1*	*5*

c)

	4	*8*	*7*	*0*	*6*
−	*3*	*9*	*0*	*3*	*1*
	1		*1*		
		9	*6*	*7*	*5*

d)

	9	*0*	*0*	*2*
−	*4*	*8*	*9*	*0*
	1	*1*		
	4	*1*	*1*	*2*

e)

	6	*3*	*1*	*4*
−		*4*	*9*	*8*
	1	*1*	*1*	
	5	*8*	*1*	*6*

Überschlagsrechnungen:

a) Ü: 9000 − 3000 = *6000*

b) *Ü: 700 − 500 = 200*

c) *Ü: 50 000 − 40 000 = 10 000*

d) *Ü: 9000 − 5000 = 4000*

e) *Ü: 6300 − 500 = 5800*

115; 161; 211; 211; 215; 418; 632; 688; 1130; 2747; 3311; 3722; 4112; 5816; 5831; 9675; 18 084; 73 826

Subtrahieren durch Ergänzen

	8	3	7
−	5	8	9
		1	
			8

9 + ■ = ■7
9 + 8 = 17 (1 unterstrichen)
Übertrag 1

Übertrag notieren

zu 1 bis 4

3.1 Schreibe stellengerecht untereinander und berechne.

a) 857 − 436	b) 784 − 531	c) 874 − 751
d) 763 − 548	e) 586 − 469	f) 837 − 674
g) 9405 − 7087	h) 6080 − 5948	i) 9077 − 4968
j) 67 867 − 41 653	k) 70 301 − 39 294	l) 326 788 − 206 788
m) 78 606 − 5071	n) 7044 − 895	o) 11 890 − 7092
p) 98 033 − 56 781	q) 56 705 − 9042	r) 567 103 − 367 104
s) 99 933 − 8888	t) 100 000 − 67 901	u) 3 000 000 − 987 789

4.1 Berechne. Kontrolliere mit einer Überschlagsrechnung.

a) 893 − 572	b) 768 − 216	c) 7893 − 4103
d) 704 − 289	e) 816 − 593	f) 7105 − 5880
g) 7083 − 4907	h) 8775 − 5901	i) 59 777 − 31 089
j) 80 732 − 59 029	k) 79 661 − 30 204	l) 509 981 − 198 078
m) 5293 − 781	n) 8691 − 712	o) 5494 − 695
p) 91 804 − 6908	q) 66 017 − 7948	r) 389 105 − 59 074
s) 618 951 − 39 015	t) 838 611 − 50 188	u) 8 018 995 − 498 012

4 Schriftlich addieren und subtrahieren

1 Subtrahiere schriftlich. Führe als Probe die zugehörige Addition durch.

Die **Probe** ist eine Ergebniskontrolle.

Die Probe zur Subtraktion ist die zugehörige Addition.

	3	4	9	5			2	8	1	7
–		6	7	8		+		6	7	8
	1		1				1		1	
	2	8	1	7			3	4	9	5

a)

	9	4	3		2	3	1
–	7	1	2	+	7	1	2
	2	3	1		9	4	3

b)

	6	3	9	5		2	5	1	9
–	3	8	7	6	+	3	8	7	6
	1		1			1		1	
	2	5	1	9		6	3	9	5

c)

	8	7	4		1	6	1
–	7	1	3	+	7	1	3
	1	6	1		8	7	4

d)

	9	0	7	3		6	1	2	5
–	2	9	4	8	+	2	9	4	8
	1		1			1		1	
	6	1	2	5		9	0	7	3

2 Berechne schriftlich in zwei Schritten.

a) 792 – (317 + 285) b) 504 + (731 – 394) c) 7063 – (5308 – 2999)

	3	1	7		7	9	2
+	2	8	5	–	6	0	2
	1	1					
	6	0	2		1	9	0

	7	3	1		5	0	4
–	3	9	4	+	3	3	7
	1	1				1	
	3	3	7		8	4	1

	5	3	0	8		7	0	6	3
–	2	9	9	9	–	2	3	0	9
	1	1	1			1		1	
	2	3	0	9		4	7	5	4

zu 2

Zuerst die Klammer berechnen

3 Suche die vier passenden Aufgaben. Wenn der Platz nicht ausreicht, rechne im Heft.

973 1349 2903 3642	+ – / – +	873 2155 3402 1406	= = / = =	4309 1487 476 4375

	2	9	0	3			9	7	3
+	1	4	0	6	+	3	4	0	2
	1					1			
	4	3	0	9		4	3	7	5

	3	6	4	2		1	3	4	9
–	2	1	5	5	–		8	7	3
		1	1			1	1		
	1	4	8	7			4	7	6

4 Berechne wie im Beispiel.

	9	7	8
–	6	2	1
–	1	3	6
	2	2	1

Im Kopf stellenweise addieren und zur oberen Zahl ergänzen

a)

	8	7	5	6
–	2	1	4	2
–	3	5	1	3
	3	1	0	1

b)

	7	8	6	5
–	2	9	7	3
–	1	0	9	4
	1	2	1	
	3	7	9	8

c)

	8	0	8	7
–	2	3	0	8
–	3	4	7	0
	1		1	
	2	3	0	9

Beispiel

(6 + 1) + ■ = 8

7 + ■ = 8

1.1 Berechne. Löse auch die Probeaufgabe.

a) 3569 – 2826 b) 1892 – 917 c) 2501 – 1802

d) 8791 – 804 e) 3671 – 2978 f) 28 901 – 17 654

2.1 Berechne schriftlich in zwei Schritten.

a) 7046 – (3876 – 3561) b) 8971 + (3907 – 2184)

c) 17671 – (6782 + 7106) d) (8387 – 2709) – 3091

3.1 Suche die vier passenden Aufgaben.

9387 ; 16 451 / 7326 ; 893	+ – / – +	4926 ; 238 / 753 ; 2457	= = / = =	6930 ; 16 213 / 8079 ; 5819

4.1 Berechne.

a) 9678 – 2374 – 1073 b) 38 671 – 17 502 – 14 602

c) 7166 – 3465 – 2976 d) 29 057 – 14 205 – 11 072

5 *Sachaufgaben zur Addition und Subtraktion*

1 Löse die Aufgabe im Kasten.

(1)	1312 − 1187
(3) Ü:	1300 − 1200 = 100
(2)	1312 − 1187 (Übertrag: 1 1) = 125
(4)	Es waren noch 125 Plätze frei.

> Für eine Theaterveranstaltung wurden 1187 Karten verkauft. Das Theater hat insgesamt 1312 Plätze. Wie viele Plätze waren noch frei.
>
> **Lösungsschritte bei einer Sachaufgabe**
> (1) Aufgabe notieren
> (2) Rechnen
> (3) Überschlagen
> (4) Antwort notieren

2 Thomas macht mit seinen Eltern eine Urlaubsreise mit dem Auto. Der Kilometerzähler zeigte zu Beginn 36 948 km, bei der Rückkehr 41 109 km. Wie viel km haben sie zurückgelegt?

(1)	41109 km − 36948 km
(3) Ü:	41000 − 37000 = 4000
(2)	41109 − 36948 (Übertrag: 1 1 1) = 4161
(4)	Sie haben 4161 km zurückgelegt.

3 Ein Parkhaus hat 1875 Plätze. Im Laufe des Vormittags fuhren 1739 Autos hinein und 617 hinaus. Wie viele Plätze sind zur Zeit noch frei?

(1)	1875 − (1739 − 617)
(3) Ü:	1900 − (1700 − 600) = 800
(2)	1739 − 617 = 1122; 1875 − 1122 = 753
(4)	Es sind zur Zeit noch 753 Plätze frei.

4 Für das Fußballspiel München – Dortmund wurden 36 146 Sitzplatzkarten und 17 948 Stehplatzkarten verkauft. Das Stadion fasst 72 850 Zuschauer. Wie viele Plätze waren noch frei?

(1)	72850 − (36146 + 17948)
(3) Ü:	73000 − (36000 + 18000) = 19000
(2)	36146 + 17948 (Übertrag: 1 1 1) = 54094; 72850 − 54094 (Übertrag: 1 1 1) = 18756
(4)	Es waren noch 18 756 Plätze frei.

5 An den ersten drei Heimspielen hatte Werder Bremen 25 785, 18 954 und 23 577 Zuschauer. Wie viele Zuschauer waren es insgesamt?

6 a) Der Mount Everest ist mit 8848 m der höchste Berg der Erde, der Montblanc mit 4807 m der höchste Berg in Europa. Berechne den Höhenunterschied dieser Berge.
b) Die Zugspitze ist 2963 m hoch. Berechne die Höhenunterschiede zum Mount Everest und zum Montblanc.

7 a) Susi hat 1476 € auf dem Sparkonto. Sie zahlt noch 385 € ein. Wie viel € hat sie jetzt auf dem Konto?
b) Karl hat 1237 € auf dem Sparkonto. Er hebt 375 € ab. Wie viel € verbleiben auf dem Konto?

8 Ein Supermarkt hatte folgende Tageseinnahmen: Montag 24 873 €, Dienstag 36 734 €, Mittwoch 19 506 €, Donnerstag 26 856 €, Freitag 39 871 €, Samstag 41 571 €. Wie viel € betrugen die Einnahmen in der gesamten Woche?

DIPLOM

	☆	☽	☼
1	Runde auf Hunderter: 7649 ≈ *7600* 3780 ≈ *3800*	Runde auf Hunderter: 27 341 ≈ *27 300* 34 809 ≈ *34 800*	Runde auf Tausender: 29 871 ≈ *30 000* 80 348 ≈ *80 000*
2	3645 + 6232 *9877*	60489 + 40614 *101103*	960807 + 6344193 *7305000*
3	8749 − 2635 *6114*	40382 − 29691 *10691*	2009824 − 1048915 *960909*
4	5321 + 3104 + 1453 *9878*	63421 + 8794 + 273687 *345902*	3849073 − 184652 − 2364416 *1300005*
5	Berechne 7825 – 2304. *7825* *− 2304* *5521*	Berechne 34 067 + 503 + 8617. *34067* *+ 503* *+ 8617* *43187*	Berechne 17 816 – 408 – 9605. *17816* *− 408* *− 9605* *7803*
6	Berechne 3873 – 2094. Kontrolliere mit dem Überschlag. *Ü: 4000 – 2000 = 2000* *3873* *− 2094* *1779*	Berechne 21 089 + 48 025. Kontrolliere mit dem Überschlag. *Ü: 20 000 + 50 000 = 70 000* *21089* *+ 48025* *69114*	Berechne 6803 – 793. Kontrolliere mit dem Überschlag. *Ü: 6800 – 800 = 6000* *6803* *− 793* *6010*
7	Susi bekommt ein neues Kinderzimmer: ein Bett für 398 €, einen Schreibtisch für 275 € und einen Schrank für 199 €. Wie viel Euro mussten ihre Eltern dafür insgesamt bezahlen? ***Sie mussten insgesamt 872 € bezahlen.***	Herr Reiche kauft ein neues Auto für 28 950 € und gibt sein altes Auto für 12 500 € in Zahlung. Wie viel Euro muss Herr Reiche zuzahlen? ***Er muss noch 16 450 € zuzahlen.***	Frau Lange verdient monatlich 1876 €. Davon werden für Steuer 317 € und für Versicherungen 196 € abgezogen. Wie viel Euro erhält sie monatlich überwiesen? ***Sie erhält 1363 € überwiesen.***
	Bronze: ☆ ☆ ☆ ☆ ☆ ☆	Silber: ☆ ☆ ☆ ☽ ☽ ☽ ☽	Gold: ☽ ☽ ☽ ☼ ☼ ☼ ☼

Spiel „Multispirale“

Spielregel

- 2 quadratische Ausgangsfelder (*z. B. 7 und 11*) verabreden, darauf je einen Chip auf das eigene Spielfeld legen.
- Mit dem Schulwürfel würfeln und Chip setzen: Zahl des gewählten Chip-Feldes (*z. B. 7*) mit der Würfelzahl (*z. B. 9*) multiplizieren (*7 · 9 = 63*), Chip auf das Ergebnisfeld (*63*) setzen.
- Wenn beide Chips gesetzt sind, die Zahlen der Ergebnisfelder addieren.
- Gewinner ist, wer die größere Summe erreicht hat.

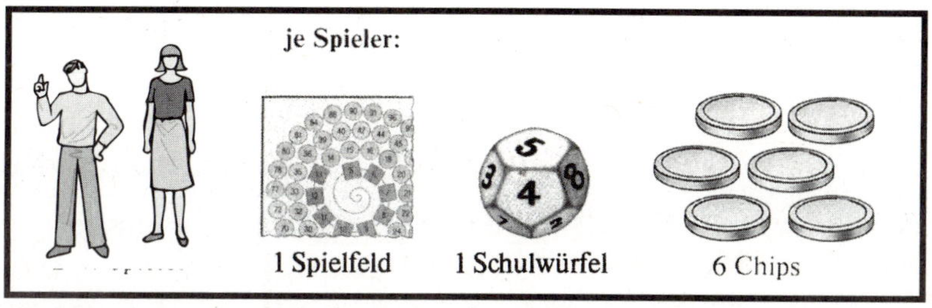

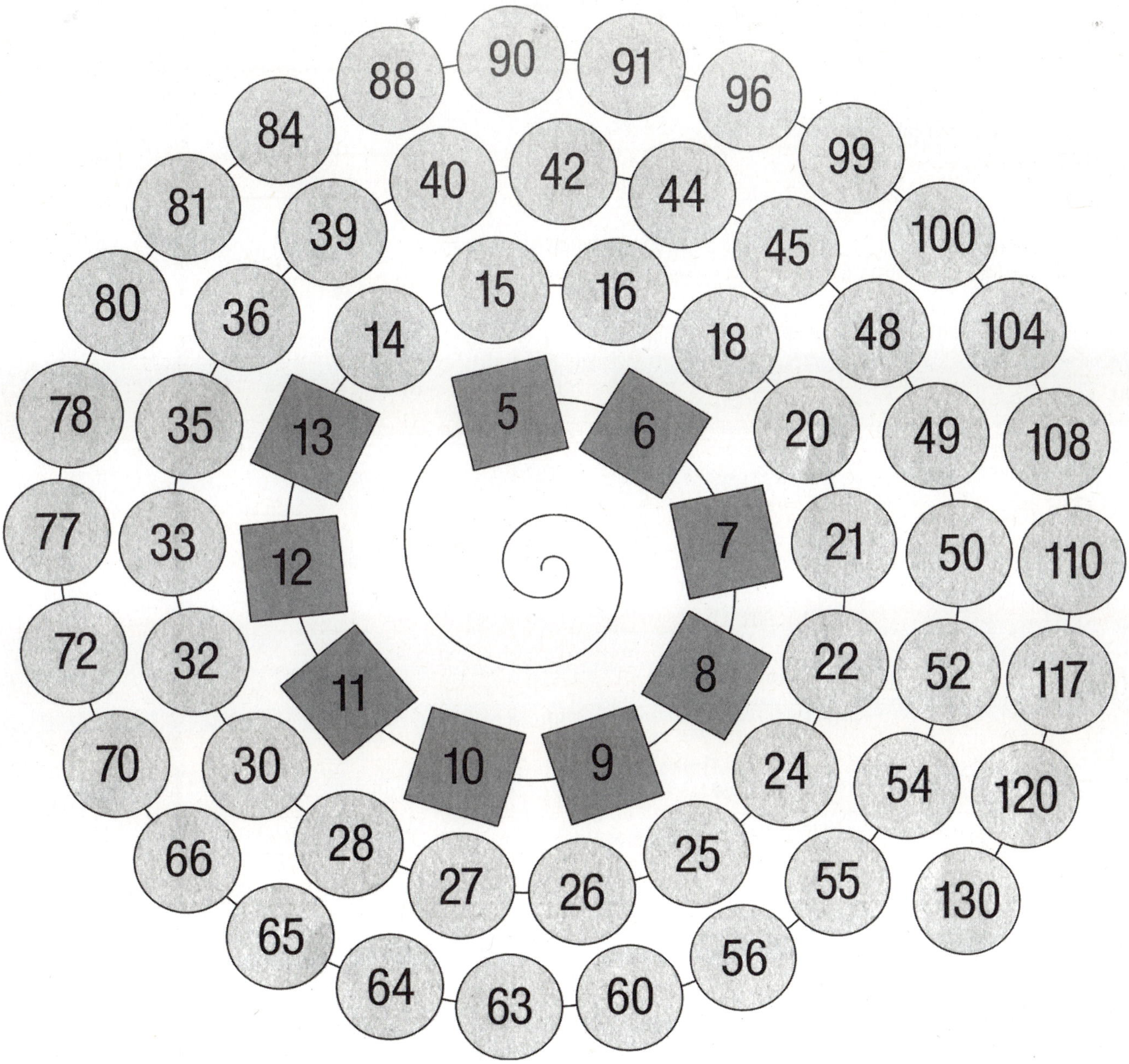

Varianten

a) Reihenfolge der zu setzenden Chips vorher festlegen.
b) Mit einem Augenwürfel spielen.
c) Mit 3, 4, 5, 6,… Chips (Spielsteinen) spielen,
die Zahlen der Ergebnisfelder dann schriftlich addieren.

1 Multiplizieren und dividieren

1 Schreibe Aufgabe und Umkehraufgabe und berechne.

13 ⇄ 91 (· 7 / : 7) — 13 · 7 = 91; 91 : 7 = 13

a) 8 ⇄ 88 (· 11 / : 11) — 8 · 11 = 88; 88 : 11 = 8

b) 63 ⇄ 7 (: 9 / · 9) — 63 : 9 = 7; 7 · 9 = 63

Multiplikation **multiplizieren**	**Division** **dividieren**
Faktoren: 12 · 6 = 72 (12 · 6: Produkt)	Dividend, Divisor: 39 : 3 = 13 (39 : 3: Quotient)

2 Schreibe die Aufgabe und berechne.

a) Multipliziere 15 mit 3. 15 · 3 = 45

b) Dividiere 95 durch 5. 95 : 5 = 19

c) Berechne das Produkt von 14 und 6. 14 · 6 = 84

d) Berechne den Quotienten von 42 und 3. 42 : 3 = 14

3 Ergänze die fehlenden Faktoren.

a) 12 · 12 = 144 b) 4 · 17 = 68 c) 13 · 11 = 143 d) 5 · 25 = 125

4 Berechne.

a) 37 · 1 = 37 b) 0 · 26 = 0 c) 19 : 0 = – d) 0 : 13 = 0

17 · 1 = 17
17 · 0 = 0

8 : 1 = 8
0 : 9 = 0

11 : 0 = ⁄ es gibt kein Ergebnis

5 Dividiere. Notiere den Rest. Beispiele: 34 : 6 = 5 R 4 oder 34 : 6 = 5 + (4 : 6)

a) 55 : 7 = 7 R 6 b) 50 : 11 = 4 R 6 c) 93 : 8 = 11 R 5

6 Setze passende Aufgaben zusammen.

51, 170, 620, 7100, 20, 30 000	· 10, · 1000, : 100, : 10, : 1000, · 100	= 1700, = 62, = 2000, = 30, = 51 000, = 71

170 · 10 = 1700 20 · 100 = 2000
51 · 1000 = 51 000 7100 : 100 = 71
620 : 10 = 62 30 000 : 1000 = 30

1.1 Schreibe Aufgabe und Umkehraufgabe. Berechne.
a) 13 · 8 b) 14 · 3 c) 48 : 4 d) 84 : 7
e) 5 · 19 f) 45 : 3 g) 2 · 33 h) 66 : 6

2.1 Schreibe die Aufgabe und berechne.
a) Multipliziere 21 mit 6.
b) Dividiere 68 durch 4.
c) Berechne das Produkt von 17 und 7.
d) Berechne den Quotienten von 75 und 5.

4.1 a) 13 · 0 b) 0 · 41 c) 37 : 1 d) 53 · 1
e) 13 : 0 f) 0 : 11 g) 1 : 0 h) 0 : 1

5.1 a) 77 : 8 b) 100 : 9 c) 70 : 3 d) 57 : 5
e) 80 : 6 f) 80 : 7 g) 100 : 11 h) 112 : 13

6.1 Setze passende Aufgaben zusammen.

87, 130, 210, 9, 7000, 30 000, 500, 11	· 10, · 10, : 100, · 100, : 1000, : 10, : 10, · 1000	= 870, = 9000, = 2100, = 30, = 70, = 1100, = 13, = 50

2 *Vorteilhaft multiplizieren und dividieren*

1 Zerlege und berechne.

①	②	③
7 · 300	5600 : 700	25 · 13 · 4
= 7 · 3 · 100	= 5600 : 100 : 7	= 25 · 4 · 13
= 21 · 100	= 56 : 7	= 100 · 13
= 2100	= 8	= 1300

a) 6 · 7000
= 6 · 7 · 1000
= *42 · 1000*
= *42 000*

b) 21 000 : 300
= 21 000 : 100 : 3
= *210 : 3*
= *70*

c) 11 · 4000
= *11 · 4 · 1000*
= *44 · 1000*
= *44 000*

d) 56 000 : 7000
= *56 000 : 1000 : 7*
= *56 : 7*
= *8*

e) 70 · 8000
= *7 · 8 · 10 · 1000*
= *56 · 10 000*
= *560 000*

f) 63 000 : 900
= *63 000 : 100 : 9*
= *630 : 9*
= *70*

2 Rechne möglichst vorteilhaft. Du kannst die Faktoren vertauschen.

250 · 4 · 13
= 1000 · 13
= 13 000

a) 2 · 13 · 500
= *2 · 500 · 13*
= *13 000*

b) 11 · 25 · 8
= *25 · 8 · 11*
= *200 · 11 = 2200*

c) 500 · 17 · 2
= *500 · 2 · 17*
= *17 000*

d) 125 · 18 · 8
= *125 · 8 · 18*
= *1000 · 18 = 18 000*

e) 20 · 25 · 500
= *20 · 500 · 25*
= *10 000 · 25 = 250 000*

f) 1250 · 3 · 8
= *1250 · 8 · 3*
= *10 000 · 3 = 30 000*

g) 2500 · 70 · 4
= *2500 · 4 · 70*
= *10 000 · 70 = 700 000*

3 Berechne das Produkt der Zahlen. Stelle vorteilhaft zusammen.

a) [7] [5] [4] [20]
5 · 20 · 7 · 4
= 100 · *28*
= *2800*

b) [9] [8] [125] [11]
125 · 8 · 9 · 11
= 1000 · 99
= 99 000

c) [13] [20] [50] [4]
50 · 20 · 4 · 13
= 1000 · 52
= 52 000

d) [25] [5] [10] [40]
25 · 40 · 10 · 5
= 1000 · 50
= 50 000

✔ zu 1
8; 70; 70; 42 000; 44 000; 560 000

Merke
2 · 5 = 10
2 · 50 = 100
4 · 25 = 100
5 · 20 = 100
2 · 500 = 1000
8 · 125 = 1000

✔ zu 2 und 3
2200; 2800; 13 000; 17 000; 18 000; 30 000; 50 000; 52 000; 99 000; 250 000; 700 000

1.1 Zerlege und berechne.

a) 7 · 500	b) 8000 · 3	c) 2400 : 60	d) 9000 : 300
e) 800 · 60	f) 6300 : 700	g) 1800 : 30	h) 70 000 · 90
i) 4000 · 3	j) 7200 : 8	k) 360 : 40	l) 55 000 : 5
m) 30 000 · 8	n) 400 · 400	o) 1100 : 110	p) 80 000 · 70

2.1 Rechne möglichst vorteilhaft.

a) 25 · 19 · 4	b) 125 · 9 · 8	c) 37 · 500 · 2
d) 17 · 8 · 125	e) 20 · 15 · 50	f) 25 · 20 · 4
g) 125 · 8 · 33	h) 200 · 11 · 50	i) 16 · 125 · 20

3.1 Berechne das Produkt aller Zahlen.

a) [20] [5] [125] [8]
b) [25] [3] [5] [20] [4]
c) [25] [2] [6] [4]
d) [7] [25] [4] [100]
e) [25] [6] [100] [4]
f) [125] [4] [3] [8]

3 Rechnen mit Klammern

1 Berechne.

a) $8 \cdot (6 + 9)$ = *$8 \cdot 15 = 120$*

b) $(72 + 9) : 3$ = *$81 : 3 = 27$*

c) $80 : (2 + 8)$ = *$80 : 10 = 8$*

d) $(24 - 4) \cdot 25$ = *$20 \cdot 25 = 500$*

e) $100 - (80 - 20)$ = *$100 - 60 = 40$*

f) $(28 + 56) : 7$ = *$84 : 7 = 12$*

g) $11 \cdot (17 - 9)$ = *$11 \cdot 8 = 88$*

h) $(48 : 4) \cdot 5$ = *$12 \cdot 5 = 60$*

Was in Klammern steht, wird zuerst berechnet.		Zuerst Punktrechnung (·/:), dann Strichrechnung (+/–).	
①	②	③	④
$5 \cdot (10 - 7)$	$(49 + 21) : 7$	$5 \cdot 10 - 7$	$49 + 21 : 7$
$= 5 \cdot 3$	$= 70 : 7$	$= 50 - 7$	$= 49 + 3$
$= 15$	$= 10$	$= 43$	$= 52$

✔ zu 1

8; 12; 27; 40; 60; 88; 120; 500

2 Berechne.

a) $28 + 42 : 7$ = *$28 + 6 = 34$*

b) $54 - 8 \cdot 3$ = *$54 - 24 = 30$*

c) $25 : 5 - 5$ = *$5 - 5 = 0$*

d) $24 + 3 \cdot 4 - 10$ = *$24 + 12 - 10 = 26$*

e) $50 - (20 - 5 \cdot 4)$ = *$50 - (20 - 20) = 50$*

f) $(60 - 20) : 4 - 8$ = *$40 : 4 - 8 = 2$*

g) $(12 \cdot 6) : 3$ = *$72 : 3 = 24$*

h) $12 \cdot (60 : 6)$ = *$12 \cdot 10 = 120$*

⚠ Punktrechnung · und : vor Strichrechnung + und –

3 Berechne im Kopf und vergleiche. Kreise ein, wo man die Klammern weglassen kann.

a)
$55 - (15 - 5) =$ *45*
$(55 - 15) - 5 =$ *35* (eingekreist)

b)
$(30 + 20) + 10 =$ *60* (eingekreist)
$30 + (20 + 10) =$ *60* (eingekreist)

c)
$30 - (10 : 5) =$ *28* (eingekreist)
$(30 - 10) : 5 =$ *4*

d)
$10 \cdot (7 + 3) =$ *100*
$(10 \cdot 7) + 3 =$ *73* (eingekreist)

e)
$(48 : 8) - 5 =$ *1* (eingekreist)
$48 : (8 - 5) =$ *16*

f)
$28 + (5 \cdot 3) =$ *43* (eingekreist)
$(28 + 5) \cdot 3 =$ *99*

g)
$(20 + 10) : 2 =$ *15*
$20 + (10 : 2) =$ *25* (eingekreist)

h)
$60 - (10 \cdot 5) =$ *10* (eingekreist)
$(60 - 10) \cdot 5 =$ *250*

✔ zu 2 und 3

0; 1; 2; 4; 10; 15; 16; 24; 25; 26; 28; 30; 34; 35; 43; 45; 50; 60; 60; 73; 99; 100; 120; 250

•**4** Schreibe die Aufgaben und berechne.

a) Dividiere die Summe von 80 und 25 durch 5.
$(80 + 25) : 5$
= *$105 : 5 = 21$*

b) Multipliziere die Summe von 14 und 6 mit 20.
$(14 + 6) \cdot 20$
= *$20 \cdot 20 = 400$*

c) Dividiere die Differenz von 630 und 27 durch 3.
$(630 - 27) : 3$
= *$603 : 3 = 201$*

1.1 Berechne. a) $9 \cdot (20 - 10)$ b) $(72 - 44) : 7$ c) $(27 + 33) : 6$ d) $7 \cdot (71 - 59)$ e) $(54 - 47) \cdot 11$ f) $5 \cdot (26 + 44)$ g) $(11 + 89) \cdot 6$ h) $(37 + 26) : 9$

2.1 Berechne. a) $40 - 20 : 5$ b) $12 + 12 \cdot 9$ c) $17 + 3 \cdot 11$ d) $72 : 9 - 6$ e) $44 : 4 + 7$ f) $100 : 5 + 5$ g) $12 \cdot 8 - 7$ h) $60 + 40 : 10$

2.2 Berechne. a) $99 - 77 : 11 + 11$ b) $36 - (4 \cdot 9) + 88$ c) $15 \cdot 3 - 2 \cdot 10$ d) $48 + 52 \cdot 0 - 47$ e) $100 - 5 \cdot (20 - 10) + 22$

3.1 Berechne. Wo kann man die Klammern weglassen?
a) $44 - (22 - 11)$ und $(44 - 22) - 11$
b) $(50 - 30) : 2$ und $50 - (30 : 2)$
c) $20 \cdot (10 : 5)$ und $(20 \cdot 10) : 5$

•**4.1** Schreibe die Aufgabe und berechne.
a) Addiere 20 zum Produkt der Zahlen 11 und 9.
b) Multipliziere die Differenz von 66 und 60 mit 7.
c) Dividiere die Summe von 55 und 30 durch 5.
d) Subtrahiere 22 vom Quotienten der Zahlen 100 und 4.

6 Schriftlich multiplizieren und dividieren

1 Überschlagsrechnungen

1 Mache eine Überschlagsrechnung.

a) 78 · 31 ≈ 80 · *30 = 2400*

b) 721 · 69 ≈ *700 · 70 = 49 000*

c) 1498 : 7 ≈ *1400 : 7 = 200*

d) 4127 : 19 ≈ *4000 : 20 = 200*

Aufgabe		**Überschlagsrechnung**
589 · 317	≈	600 · 300 = 180 000
1227 · 78	≈	1200 · 80 = 96 000
6321 : 3	≈	6000 : 3 = 2000
12 789 : 21	≈	12 000 : 20 = 600

2 Mache eine Überschlagsrechnung.

a) 4131 · 49 ≈ *4000 · 50 = 200 000*

b) 17 464 : 8 ≈ *16 000 : 8 = 2000*

c) 2719 · 72 ≈ *3000 · 70 = 210 000*

d) 46 956 : 6 ≈ *48 000 : 6 = 8000*

e) 809 · 282 ≈ *800 · 300 = 240 000*

f) 9646 : 4 ≈ *10 000 : 4 = 2500*

g) 2956 · 61 ≈ *3000 · 60 = 180 000*

h) 14 094 : 18 ≈ *14 000 : 20 = 700*

3 Kontrolliere mit einer Überschlagsrechnung, ob das Rechenergebnis stimmen kann. Kreise den entsprechenden Buchstaben ein. Es entsteht ein Lösungswort.

Aufgabe	Überschlagsrechnung	kann stimmen	falsch
a) 513 · 48 = 24 624	500 · 50 = *25 000*	(H)	L
b) 387 · 92 = 350 604	*400 · 100 = 40 000*	I	(A)
c) 3968 : 8 = 46	*4000 : 8 = 500*	S	(N)
d) 16 611 : 21 = 791	*16 000 : 20 = 800*	(N)	S
e) 782 · 704 = 550 528	*800 · 700 = 560 000*	(O)	E
f) 1197 · 315 = 3 707 055	*1000 · 300 = 300 000*	K	(V)
g) 50 316 : 7 = 7188	*49 000 : 7 = 7000*	(E)	I
h) 114 323 : 19 = 617	*100 000 : 20 = 5000*	M	(R)

rund ≈

Schreibform einer Überschlagsrechnung

589 · 317
≈ 600 · 300
= 180 000

6321 : 3
≈ 6000 : 3
= 2000

Runde beim Dividieren so, dass die Aufgabe „aufgeht“, z. B.
967 : 34
≈ 900 : 30
= 30

2.1 Mache eine Überschlagsrechnung.
a) 276 · 19 b) 788 · 62 c) 917 · 51
d) 2879 · 22 e) 8109 · 38 f) 7019 · 78
g) 4088 · 287 h) 6917 · 411 i) 1077 · 67
j) 179 · 3209 k) 97 · 10 776 l) 29 876 · 31

2.2 Mache eine Überschlagsrechnung.
a) 2884 : 7 b) 5512 : 8 c) 3054 : 6
d) 10 080 : 5 e) 55 098 : 9 f) 15 948 : 4
g) 7828 : 19 h) 21 514 : 31 i) 33 936 : 48
j) 90 398 : 22 k) 601 128 : 99 l) 206 184 : 71

3.1 Kontrolliere mit einer Überschlagsrechnung, ob das Rechenergebnis stimmen kann.
a) 692 · 7 = 4844 b) 7103 · 8 = 56 824
c) 488 · 41 = 2008 d) 3075 · 29 = 89 175
e) 2465 : 5 = 49 f) 18 369 : 9 = 2041
g) 87 813 : 11 = 7983 h) 190 646 : 38 = 517
i) 4032 · 197 = 79 434 j) 7918 · 312 = 2 470 416
k) 2015 · 281 = 56 215 l) 3107 · 689 = 2 140 723
m) 16 037 : 203 = 79 n) 100 282 : 494 = 203
o) 3806 · 107 = 407 242 p) 147 063 : 21 = 703
q) 9999 : 333 = 333 r) 22 407 · 17 = 3 800 919

2 *Schriftlich multiplizieren*

1 Berechne.

Aufgabe	4902 · 317
(1) Schriftlich berechnen	

4	9	0	2	·	3	1	7
	1	4	7	0	6		
			4	9	0	2	
			3	4	3	1	4
		1	1				
	1	5	5	3	9	3	4

(2) Mit dem Überschlag kontrollieren Ü: 5000 · 300 = 1 500 000
Ergebnis kann stimmen.

(2) Überschlagsrechnungen:

a) 397 · 6
Ü: 400 · 6 = *2400*

b) 708 · 7
Ü: *700 · 7 = 4900*

c) 904 · 5
Ü: *900 · 5 = 4500*

d) 870 · 8
Ü: *900 · 8 = 7200*

e) 4329 · 87
Ü: *4000 · 90 = 360 000*

f) 6153 · 72
Ü: *6000 · 70 = 420 000*

g) 4137 · 312
Ü: *4000 · 300 = 1 200 000*

(1) Rechnungen:

a) 3 9 7 · 6
2 3 8 2

b) 7 0 8 · 7
4 9 5 6

c) 9 0 4 · 5
4 5 2 0

d) 8 7 0 · 8
6 9 6 0

e)

4	3	2	9	·	8	7
3	*4*	*6*	*3*	*2*		
	3	*0*	*3*	*0*	*3*	
3	*7*	*6*	*6*	*2*	*3*	

f)

6	1	5	3	·	7	2
4	*3*	*0*	*7*	*1*		
	1	*2*	*3*	*0*	*6*	
		1				
4	*4*	*3*	*0*	*1*	*6*	

g)

4	1	3	7	·	3	1	2
1	*2*	*4*	*1*	*1*			
		4	*1*	*3*	*7*		
			8	*2*	*7*	*4*	
		1		*1*			
1	*2*	*9*	*0*	*7*	*4*	*4*	

… 7 · 3 | 1 | 2
… 1 ↓
… 7 ↓
… 4

2 Notiere die Aufgaben und berechne. Kontrolliere mit einer Überschlagsrechnung.

a) 879 · 62

8	7	9	·	6	2
5	*2*	*7*	*4*		
	1	*7*	*5*	*8*	
	1				
5	*4*	*4*	*9*	*8*	

Ü: 9 0 0 · *6 0*
= *5 4 0 0 0*

b) 713 · 484

7	*1*	*3*	*·*	*4*	*8*	*4*
2	*8*	*5*	*2*			
	5	*7*	*0*	*4*		
		2	*8*	*5*	*2*	
1	*1*	*1*				
3	*4*	*5*	*0*	*9*	*2*	

Ü: *7 0 0* · *5 0 0*
= *3 5 0 0 0 0*

c) 3076 · 817

3	*0*	*7*	*6*	*·*	*8*	*1*	*7*
2	*4*	*6*	*0*	*8*			
		3	*0*	*7*	*6*		
		2	*1*	*5*	*3*	*2*	
	1		*2*				
2	*5*	*1*	*3*	*0*	*9*	*2*	

Ü: *3 0 0 0* · *8 0 0*
= *2 4 0 0 0 0 0*

2382; 4520; 4956; 6960; 54 498; 345 092; 376 623; 443 016; 1 290 744; 2 513 092

✔ zu 1 und 2

1.1 Berechne.

a) 234 · 8 b) 567 · 9 c) 815 · 7
d) 765 · 13 e) 918 · 19 f) 206 · 22
g) 2371 · 16 h) 4187 · 32 i) 6052 · 75
j) 3809 · 28 k) 8170 · 71 l) 7027 · 58
m) 6918 · 312 n) 5017 · 498 o) 1983 · 702
p) 8080 · 111 q) 1234 · 567 r) 2222 · 333
s) 2222 · 179 t) 4040 · 2135 u) 25 000 · 123

3 Berechne: Du erhältst auffallende Ergebnisse.

a) Multipliziere jede Zahl mit 9: 321; 4321; 54 321; 654 321; 7 654 321; 87 654 321.
b) Multipliziere 15 873 mit 7; 14; 21; 28; 35; 42; 49; 56.
c) Multipliziere 12 345 679 mit 8; 16; 24.
d) 11 · 11; 111 · 111; 1111 · 1111; 11 111 · 11 111
e) 542 · 123; 3367 · 99; 858 · 518; 5291 · 189
f) Multipliziere 12 345 679 mit 9; 18; 27; 36; 45.

3 *Schriftlich dividieren*

1 Berechne.

a)
```
868 : 4 = 217
8
06          217 · 4
 4            868
 28
 28
  0
Ü: 800 : 4 = 200
```

b)
```
1795 : 5 = 359
15
 29
 25       359 · 5
  45      1795
  45
   0
Ü: 1500 : 5 = 300
```

c)
```
2856 : 7 = 408
28
 05
  0       408 · 7
  56      2856
  56
   0
Ü: 2800 : 7 = 400
```

d)
```
2592 : 6 = 432
24
 19
 18       432 · 6
  12      2592
  12
   0
Ü: 2400 : 6 = 400
```

e)
```
1611 : 3 = 537
15
 11
  9       537 · 3
  21      1611
  21
   0
Ü: 1500 : 3 = 500
```

Aufgabe 2145 : 7

(1) Schriftlich berechnen

```
2145 : 7 = 306 + (3 : 7)
21
 04
  0
  45
  42
   3
```

(2) Mit dem Überschlag kontrollieren — Ü: 2100 : 7 = 300. Ergebnis kann stimmen.

Als PROBE kann die Umkehraufgabe gerechnet werden.

```
306 · 7
 2142

 2142
+   3
 2145
```

2 Berechne.

a) 2151 : 4

```
2151 : 4 = 537 R 3
20
 15        537 · 4
 12        2148
  31
  28        2148
   3      +    3
            2151
Ü: 2000 : 4 = 500
```

b) 4254 : 7

```
4254 : 7 = 607 R 5
42
 05        607 · 7
  0        4249
  54
  49        4249
   5      +    5
            4254
Ü: 4200 : 7 = 600
```

Restschreibweise

23 : 5 = 4 + (3 : 5)
oder
23 : 5 = 4 Rest 3
oder
23 : 5 = 4 R 3

217; 359; 408; 432; 537; 537 R 3; 607 R 5 — zu 1 und 2

2.1 a) 392 : 7 b) 291 : 3 c) 435 : 5
d) 1296 : 4 e) 2304 : 3 f) 5831 : 7
g) 2222 : 7 h) 4195 : 8 i) 2917 : 4
j) 1848 : 6 k) 3650 : 5 l) 2715 : 3
m) 55 125 : 9 n) 21 114 : 3 o) 44 821 : 7

3 Berechne. Du erhältst auffallende Ergebnisse.
a) Dividiere 111; 1111; 11 111; 111 111 jeweils durch 9.
b) Dividiere 861; 8638; 86 415; 864 192 jeweils durch 7.
c) Dividiere 126; 1926; 25 926; 325 926 jeweils durch 6.
d) Dividiere 968; 9768; 98 568; 986 568 jeweils durch 8.

4 Schriftlich dividieren mit großen Zahlen

1 Berechne.

a)
3042 : 13 = 234
26
44
39
52
52
0

234 · 13
234
702
3042

Ü: 2600 : 13 = 200

Aufgabe 15283 : 29

(1) Schriftlich berechnen

15283 : 29 = 527
145
78
58
203
203
0

(2) Mit dem Überschlag kontrollieren
Ü: 15000 : 30 = 500
Ergebnis kann stimmen.

b)
7847 : 19 = 413
76
24
19
57
57
0

413 · 19
413
3717
7847

Ü: 8000 : 20 = 400

c)
16192 : 22 = 736
154
79
66
132
132
0

736 · 22
1472
1472
16192

Ü: 16000 : 20 = 800

Als PROBE kann die Umkehraufgabe gerechnet werden.

527 · 29
1054
+ 4743
15283

2 Berechne.

a) 19984 : 28

19984 : 28 = 713 R 20
196
38
28
104
84
20

713 · 28
1426
5704
19964

19964 + 20 = 19984

Ü: 21000 : 30 = 700

b) 16200 : 52

16200 : 52 = 311 R 28
156
60
52
80
52
28

311 · 52
1555
622
16172

16172 + 28 = 16200

Ü: 15000 : 50 = 300

234; 311 R28; 413; 713 R20; 736

Vielfache des Divisors notieren !

zu 1a) 13
26
39
…

zu 1 und 2

2.1 Berechne.

a) 702 : 18
b) 572 : 11
c) 1411 : 17
d) 6144 : 12
e) 8086 : 13
f) 8189 : 19
g) 2484 : 12
h) 10260 : 19
i) 9087 : 13
j) 6665 : 31
k) 18576 : 48
l) 17118 : 27
m) 27804 : 21
n) 91028 : 28
o) 203987 : 49
p) 2240 : 13
q) 6937 : 22
r) 3301 : 16
s) 1813 : 49
t) 52974 : 81
u) 218891 : 23

3 Berechne: Du erhältst auffallende Ergebnisse.

a) Dividiere 144; 1476; 14808; 148140 jeweils durch 12.
b) Dividiere 231; 2331; 23331; 233331 jeweils durch 21.
c) Dividiere 117; 1274; 12831; 128388 jeweils durch 13.
d) Dividiere 396; 5994; 79992; 999990 jeweils durch 18.
e) Dividiere 110; 2310; 35310; 475310 jeweils durch 11.
f) Dividiere 2079; 31779; 427779 jeweils durch 99.
g) Dividiere 4818; 72927; 558742 jeweils durch 73.

5 *Kreuzzahlrätsel*

1 Löse das Kreuzzahlrätsel.

waagerecht ⟹
a) 453 · 87
d) 1953 : 31
f) 450 : 6
g) 37 · 11
i) 121 · 18

a) 3	9	b) 4	1	c) 1
8	■	7	■	8
d) 6	e) 3	■	f) 7	5
g) 4	0	h) 7	■	3
■	i) 2	1	7	8

senkrecht ⇓
a) 168 · 23
b) 423 : 9
c) 403 · 46
e) 2114 : 7
h) 7029 : 99

Kreuzzahlrätsel werden wie Kreuzworträtsel gelöst. In jedes Feld gehört eine Ziffer der Ergebniszahl.

a) 453 · 87
3624
3171
1
39411

d) 1953 : 31 = 63
186
93
93
0

f) 450 : 6 = 75
42
30
30
0

g) 37 · 11
37
37
1
407

i) 121 · 18
121
968
1
2178

a) 168 · 23
336
504
3864

b) 423 : 9 = 47
36
63
63
0

c) 403 · 46
1612
2418
18538

e) 2114 : 7 = 302
21
01
0
14
14
0

h) 7029 : 99 = 71
693
99
99
0

2 Löse das Kreuzzahlrätsel.

waagerecht
a) 817 · 63
d) 752 : 8
f) 2058 : 21
g) 17 · 16
i) 61 · 43

senkrecht
a) 107 · 56
b) 611 : 13
c) 509 · 37
e) 3304 : 7
h) 234 : 9

a)		b)		c)
	■		■	
d)	e)	■	f)	
g)		h)	■	
■	i)			

3 Löse das Kreuzzahlrätsel.

waagerecht
a) 308 · 274
d) 259 : 7
f) 2176 : 32
g) 39 · 17
i) 254 · 32

senkrecht
a) 113 · 72
b) 6600 : 220
c) 563 · 46
e) 4608 : 6
h) 372 : 12

a)		b)		c)
	■		■	
d)	e)	■	f)	
g)		h)	■	
■	i)			

6 „Schwierige Fälle" beim schriftlichen Rechnen

1 Berechne. Achte auf die „Nullen".

a)
```
9104 · 7006
 63728
      0
       0
    54624
    1
 63782624
```

```
3754 · 4008
 15016
      0
       0
    30032
 15046032
```

Achte auf stellengerechte Schreibweise, besonders bei Nullen!

b)
```
4709 · 6700
 28254
  32963
      0
       0
 1 11
 31550300
```

c)
```
7080 · 5090
 35400
      0
    63720
        0
  1
 36037200
```

d)
```
1003 · 3080
 3009
     0
    8024
       0
 3089240
```

2 Dividiere. Beachte den Tipp. Denke an die Probe.

a)
```
80698 : 314 = 257
628
1789
1570
 2198
 2198
    0

257 · 314
  771
   257
   1028
  1
  80698
```

b)
```
47929 : 287 = 167
287
1922
1722
 2009
 2009
    0

167 · 287
  334
   1336
    1169
    1
  47929
```

167; 257; 3 089 240; 31 550 300; 36 037 200; 63 782 624

Notiere die Vielfachen des Divisors!

2 · 314 = 628
4 · 314 = 1256
5 · 314 = 1570
8 · 314 = 2512

zu 1 und 2

3 Hier wurde falsch gerechnet. Suche den Fehler und rechne dann richtig.

a)
```
62321 : 203 = 37
609
 1421
 1421
    0
```

b)
```
2308 · 604
  13848
    9232
   1  1
  147712
```

a)
```
62321 : 203 = 307
609
 142
   0
 1421
 1421
    0
```
wurde nicht geteilt
Stellenwertfehler

b)
```
2308 · 604
 13848
      0
     9232
    1 1
 1394032
```
nicht notiert
Stellenwertfehler!

1.1 Berechne. Achte auf die „Nullen".

a) 3006 · 960 b) 7090 · 803 c) 6704 · 507
d) 18 040 · 8009 e) 10 706 · 6302 f) 40 092 · 5040
g) 72 008 · 70 500 h) 60 020 · 20 070 i) 800 730 · 80 050

2.1 Dividiere. Notiere die notwendigen Vielfachen.

a) 34 704 : 48 b) 67 032 : 98 c) 25 265 : 31
d) 54 312 : 219 e) 236 467 : 407 f) 152 856 : 193
g) 67 044 : 302 h) 78 192 : 181 i) 40 976 : 208

3.1 Suche den Fehler und rechne dann richtig.

a)
```
230 · 13
  231
   693
  1 1
  3003
```

b)
```
81420 : 23 = 354
69
124
115
  92
  92
   0
```

7 Sachaufgaben zur Multiplikation und Division

1 Löse die Aufgabe im Kasten.

(1) 293 · 4 €
(2) 293 · 4
1172
(3) Ü: 300 · 4 = 1200
(4) Es werden insgesamt 1172 € eingenommen

Eine Eintrittskarte für das Weihnachtsmärchen kostet 4 €.
Es kommen 293 Kinder. Wie viel Euro werden eingenommen?

Lösungsschritte bei einer Sachaufgabe
(1) Aufgabe notieren
(2) Rechnen
(3) Überschlagen
(4) Antwort notieren

2 Auf einem Hühnerhof werden 882 Eier in 6er-Kartons verpackt. Wie viele Kartons werden dazu benötigt?

(1) 882 : 6
(3) Ü: 900 : 6 = 150
(2) 882 : 6 = 147
6
28
24
42
42
0
(4) Es werden 147 Kartons benötigt.

3 Das Fernsehbild besteht aus 625 Zeilen mit jeweils 833 Bildpunkten. Wie viele Bildpunkte hat der Fernsehschirm?

(1) 625 · 833
(3) Ü: 600 · 800 = 480000
(2) 625 · 833
5000
1875
1875
111
520625
(4) Der Fernsehschirm hat insgesamt 520 625 Bildpunkte.

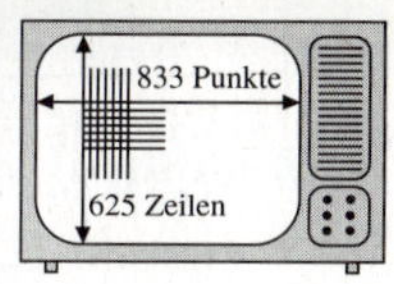

4 Ein Sportverein hat als Mitglieder 782 Jugendliche und 1205 Erwachsene. Die Jugendlichen bezahlen im Monat 6 €, die Erwachsenen 12 € Beitrag. Wie viel Euro nimmt der Verein im Monat an Beiträgen ein?

(1) 782 · 6 €
1205 · 12 €
Summe der Beitragsergebnisse
(3) Ü: 800 · 6 = 4800
1200 · 10 = 12000
5000 € + 12 000 € = 17 000 €
(2) 782 · 6
4692
1205 · 12
1205
2410
14460
4692
+ 14460
11
19152
(4) Der Sportverein nimmt im Monat insgesamt 19 152 € an Beiträgen ein.

5 An einem Volleyballturnier nehmen 24 Mannschaften mit jeweils 9 Spielern teil. Wie viele Spieler nehmen insgesamt an dem Turnier teil?

6 In einem Automobilwerk werden 736 Autos eines Typs auf Waggons verladen. Auf einen Waggon passen 8 Autos. Wie viele Waggons hat der Güterzug?

7 Vor der Weserfähre Kleinensiel stehen 294 Autos im Stau. Bei jeder Fahrt – ungefähr alle 10 Minuten – kann eine Fähre 42 Autos übersetzen.
a) Wie häufig muss die Fähre fahren, um alle wartenden Autos überzusetzen?
b) Wie lange muss das letzte Auto der wartenden Schlange noch auf die Überfahrt warten?

DIPLOM

1

200 – 50 : 5

200 – 10 = 190

27 + 3 · 10 – 5

27 + 30 – 5 = 52

70 + (30 – 7 · 4)

70 + (30 – 28)
= 70 + 2 = 72

2

4125 · 7

4125 · 7
28875

6808 · 74

6808 · 74
47656
27232
11
503792

70 193 · 806

70193 · 806
561544
0
421158
56575558

3

3948 : 4

3948 : 4 = 987
36
34
32
28
28
0

21 343 : 7

21343 : 7
21
03 = 3049
0
34
28
63
63
0

93 873 : 39

93873 : 39
78
158 = 2407
156
27
0
273
273
0

4

Rechnung, Kontrolle und Überschlag
786 : 9

786 : 9 = 87 R 3
72
66
63
3
87 · 9
783
783
+ 3
786
Ü: 810 : 9 = 90

Rechnung, Kontrolle und Überschlag
9928 : 73

9928 : 73 = 136
73
262
219
438
438
0
136 · 73
952
408
9928
Ü: 9800 : 70 = 140

Rechnung, Kontrolle und Überschlag
9270 : 23

9270 : 23
92 = 403 R 1
07
0
70
69
1
403 · 23
806
1209
9269
9269 + 1 = 9270
Ü: 9000 : 20 = 450

5

Bei einem Fahrradrennen ist ein Rundkurs von 3147 m fünfmal zu durchfahren. Wie lang ist die Gesamtstrecke?

(1) 3147 m · 5
(2) 3147 · 5 = 15 735
(4) Die Gesamtstrecke ist 15 735 m lang.

Pia möchte ein Buch mit 546 Seiten in einer Woche durchlesen. Wie viele Seiten muss sie durchschnittlich täglich lesen?

(1) 546 : 7
(2) 546 : 7 = 78
(4) Sie muss täglich durchschnittlich 78 Seiten lesen.

Die Klasse 5a (12 Jungen und 9 Mädchen) fährt für 5 Tage ins Schullandheim. Dafür müssen insgesamt 1827 € bezahlt werden. Wie viel Euro muss jedes Kind zahlen?

(1) 1827 € : (12 + 9)
(2) 1827 : 21 = 87
(4) Jedes Kind muss 87 Euro bezahlen.

Bronze: ☆ ☆ ☆ ☆ | Silber: ☆ ☆ ☽ ☽ ☽ | Gold: ☽ ☽ ☼ ☼ ☼

7 Gleichungen und Ungleichungen

1 Platzhalter

1 Setze jeweils 19 für den Platzhalter ein.

a) 13 + ◯ — *13 + 19*
b) x – 10 — *19 – 10*
c) 17 · b — *17 · 19*
d) 57 : y — *57 : 19*
e) 7 · c – 56 — *7 · 19 – 56*
f) 78 + 8 · k — *78 + 8 · 19*

◯ ist ein Platzhalter für Zahlen. ◯ + 4
für 5 am Platz von ◯ erhält man 5 + 4
für 9 am Platz von ◯ erhält man 9 + 4

Man verwendet auch Buchstaben als Platzhalter für Zahlen.
x + 4   a · 5   2 · y + 3   z : 15 + 9   9 – k + 15

2 Setze für die Platzhalter nacheinander die Zahlen 5, 10, 20 ein und berechne.

a) a + 20
b) 40 – b
c) 200 : y

a)	b)	c)
5 + 20 = 25	*40 – 5 = 35*	*200 : 5 = 40*
10 + *20* = *30*	*40 – 10 = 30*	*200 : 10 = 20*
20 + 20 = 40	*40 – 20 = 20*	*200 : 20 = 10*

10; 20; 20; 30; 30; 35; 40; 40

✔ zu 2

3 Fülle die Tabellen aus.

a)

a	a + 5	300 – a	4 · a
5	10	*295*	*20*
70	*75*	230	*280*
190	*195*	*110*	*760*

b)

x	y	2 · x + 3 · y	7 · x – y
5	10	2 · 5 + 3 · 10 = 40	7 · 5 – 10 = *25*
10	2	*2 · 10 + 3 · 2 = 26*	*7 · 10 – 2 = 68*
15	5	*2 · 15 + 3 · 5 = 45*	*7 · 15 – 5 = 100*

20; 25; 26; 45; 68; 75; 100; 110; 195; 280; 295; 760

✔ zu 3

•4 Vervollständige die obere Zeile der Tabelle.

x	5 · x	*20 · x*	98 + *x*	*60 : x*	*x – 3*
3	15	60	101	20	0
4	20	80	102	15	1
5	25	100	103	12	2

1.1 Setze jeweils 25 für den Platzhalter ein.
a) 250 : x   b) 467 – b   c) x : 5   d) k · 26

2.1 Setze für die Platzhalter nacheinander die Zahlen 7, 8, 9 ein und berechne.
a) a + 27   b) 9 · x   c) 78 – q   d) 504 : d
e) 314 – y   f) 12 · z   g) r + 327   h) v · 25
i) 1008 : z   j) 19 – x + 15   k) 9 · y – 59   l) 75 + z · 5

3.1 Übertrage die Tabelle in dein Heft und fülle sie aus.

x	13 · x	1055 + x	200 – x	72 : x
8				
12				
24				
36				
72				

3.2 Übertrage die Tabelle in dein Heft und fülle sie aus.

x	y	15 · x – y	3 · x + 5 · y
7	4		
100	0		
1	10		
3	19		
15	6		

•4.1 Übertrage die Tabellen in dein Heft und vervollständige.

a)

x	
5	50
6	60
7	70
8	
9	

b)

x	
12	0
145	0
280	0
512	
699	

c)

x	
20	60
28	52
40	40
79	
80	

d)

x	
1	30
2	15
3	10
5	
6	

2 Aussagen

$5 + \quad x = 15$	$5 + \quad x = 15$
$5 + 10 = 15$	$5 + 13 = 15$
wahre Aussage	**falsche** Aussage
Für 10 am Platz von x erhält man eine wahre Aussage.	Für 13 am Platz von x erhält man eine falsche Aussage.

1 Welche Aussage ist wahr (w), welche ist falsch (f)?

a) $3 \cdot 5 = 15$ (w) b) $15 + 35 = 51$ (f)

c) $27 - 9 = 18$ (w) d) $48 : 8 = 7$ (f)

e) $19 > 15$ (w) f) $20 : 5 > 40 : 10$ (f)

g) $7 \cdot 9 < 90 : 6$ (f) h) $81 \cdot 15 = 15 \cdot 81$ (w)

2 Setze für den Platzhalter eine Zahl so ein, dass eine wahre Aussage entsteht.

a) $7 + x = 20$ b) $4 \cdot x = 32$ c) $x : 9 = 6$ d) $13 \cdot 12 = a$

$7 + 13 = 20$ $4 \cdot 8 = 32$ $54 : 9 = 6$ $13 \cdot 12 = 156$

e) $63 - x = 2 \cdot 15$ f) $63 + x = 2 \cdot 15$ g) $36 - x : 5 = 26$ h) $13 \cdot 12 = a \cdot 6$

$63 - 33 = 30$ geht nicht $36 - 50 : 5 = 26$ $13 \cdot 12 = 26 \cdot 6$

3 Setze für den Platzhalter Zahlen ein, so dass eine wahre Aussage entsteht.

a) $19 > y$ b) $3 \cdot 17 > x \cdot 15$ c) $85 : x < 225 : 25$ d) $17 \cdot x < 680 : 17$

$19 > 5$ $3 \cdot 17 > 3 \cdot 15$ $85 : 85 < 225 : 25$ $17 \cdot 1 < 680 : 17$

$19 > 7$ $3 \cdot 17 > 2 \cdot 15$ $85 : 17 < 225 : 25$ $17 \cdot 2 < 680 : 17$

4 Setze =, < oder > so ein, dass eine wahre Aussage entsteht.

a) $9 \cdot 4 \ \underline{<}\ 50 - 5$ b) $120 : 3 \ \underline{<}\ 50 - 5$ c) $3 \cdot 12 \ \underline{>}\ 40 - 5$

d) $6 \cdot 51 \ \underline{=}\ 360 - 54$ e) $5 \cdot 9 \ \underline{<}\ 6 \cdot 8$ f) $(3 + 6) \cdot 7 \ \underline{>}\ 3 + 6 \cdot 7$

g) $63 : 7 \ \underline{=}\ 81 : 9$ h) $18 \cdot (6 + 3) \ \underline{>}\ 111$ i) $72 : 9 - 7 \ \underline{<}\ 72 : (9 - 7)$

5 Setze für den Platzhalter Zahlen so ein, dass jeweils eine wahre und eine falsche Aussage entsteht.

a) $298 : 2 + 76 = x \cdot 225$ b) $19 \cdot 12 = 300 - x$ c) $1000 : x > 34 \cdot 12$

$298 : 2 + 76 = 1 \cdot 225$ (w) $19 \cdot 12 = 300 - 72$ (w) $1000 : 2 > 34 \cdot 12$ (w)

$298 : 2 + 76 = 2 \cdot 225$ (f) $19 \cdot 12 = 300 - 5$ (f) $1000 : 20 > 34 \cdot 12$ (f)

w wahr
f falsch

Eine Aussage kann man daraufhin überprüfen, ob sie **wahr** oder **falsch** ist.

zu 4

Punktrechnung vor Strichrechnung! Klammern zuerst!

1.1 Welche Aussage ist wahr, welche falsch?

a) $7 \cdot 12 = 60$ b) $54 + 266 = 320$

c) $25 : 5 = 30 : 6$ d) $36 - 25 = 40 - 29$

e) $3 \cdot 9 - 17 = 20 \cdot 5 : 10$ f) $528 : 8 - 33 = 4 \cdot 11 - 11$

2.1 Setze für den Platzhalter Zahlen ein, so dass eine wahre Aussage entsteht.

a) $81 : x = 9$ b) $(3 + x) \cdot 5 = 40$

c) $12 \cdot y = 72$ d) $29 - (12 + x) = 9$

e) $312 + a = 400$ f) $14 + 9 = 23 - x$

g) $100 : b = 4$ h) $234 \cdot 512 = 512 \cdot x$

4.1 Setze =, < oder > so ein, dass eine wahre Aussage entsteht.

a) $25 - 19$ ____ $3 \cdot 3$ b) $33 + 310$ ____ $30 + 313$

c) $2458 + 123$ ____ $123 + 2458$ d) $(3 + 5) \cdot 4$ ____ $3 + (5 \cdot 4)$

e) $(13 + 4) + 5$ ____ $13 + (4 + 5)$ f) $(243 - 26)$ ____ $217 \cdot 0$

•6 Schreibe die drei Aussagen in dein Heft. Überprüfe, ob die Aussage wahr oder falsch ist.

a) Multipliziert man eine Zahl mit Null, so erhält man Null.

b) Durch Null darf man nicht dividieren.

c) Man darf Minuend und Subtrahend immer vertauschen.

3 Gleichungen lösen

1 Für welche Zahlen wird die Gleichung beim Einsetzen zur wahren Aussage?

x	19 · x + 56 = 94	wahr/falsch
1	19 · 1 + 56 = *94*	*falsch*
2	*19 · 2 + 56 = 94*	*wahr*
3	*19 · 3 + 56 = 94*	*falsch*

L = {*2*}

Gleichung	8 + x = 10		
(1) Zahlen in Gleichung einsetzen	x	8 + x = 10	wahr/falsch
	0	8 + 0 = 10	falsch
	1	8 + 1 = 10	falsch
	2	8 + 2 = 10	wahr
	3	8 + 3 = 10	falsch
(2) Lösungsmenge notieren	L = {2}		

2 Bestimme die Lösungsmenge mithilfe der Tabelle.

a)

x	30 · x + 75 = 195	wahr/falsch
1	30 · 1 + 75 = 195	falsch
2	*30 · 2 + 75 = 195*	*falsch*
3	*30 · 3 + 75 = 195*	*falsch*
4	*30 · 4 + 75 = 195*	*wahr*
5	*30 · 5 + 75 = 195*	*falsch*

L = {*4*}

b)

x	240 : x – 43 = 37	wahr/falsch
1	*240 : 1 – 43 = 37*	*falsch*
2	*240 : 2 – 43 = 37*	*falsch*
3	*240 : 3 – 43 = 37*	*wahr*
4	*240 : 4 – 43 = 37*	*falsch*
5	*240 : 5 – 43 = 37*	*falsch*

L = {*3*}

3 Bestimme die Lösungsmenge.

a) 15 + x = 32 L = {*17*}

b) 3 · x + 7 = 19 L = {*4*}

c) x – 7 · 3 = 9 *L = {30}*

d) 44 : 11 – x = 9 *L = { }*

•4 Welche Gleichung passt zum Text? Gib auch die Lösung an.

a) Multipliziert man 5 mit einer Zahl und addiert 7, so erhält man 22.

5 · x + 7 = 22 L = {3}

b) Multipliziert man 9 mit einer Zahl und subtrahiert 11, so erhält man 43.

9 · x – 11 = 43 L = {6}

Beispiele
7 + x = 12
L = {5}

x · 0 = 0
L = {0, 1, 2, 3, …}

7 – x = 12
Keine Lösung!
L = { } leere Menge

Grundmenge G
Alle Zahlen, die eingesetzt werden dürfen.

ℕ = {0, 1, 2, 3, …}
Menge der natürlichen Zahlen.

✔ zu 1 bis 4

{ }, {2}, {3}, {3}, {4}, {4}, {6}, {17}, {30}

2.1 Übertrage die Tabelle in dein Heft und bestimme die Lösungsmenge.

a)

x	180 : x + 75 = 120	w/f
1		
2		
3		
4		

b)

x	24 · x – 24 = 72	w/f
1		
2		
3		
4		

c)

x	150 + x · 5 = 200	w/f
1		
2		
8		
10		

d)

x	300 = x · 75 + 75	w/f
1		
2		
3		
4		

3.1 Bestimme die Lösungsmenge.

a) 24 : x = 8 b) 56 : x + 9 = 16 c) 36 · x = 180
d) 24 · x – 35 = 85 e) 358 + x = 789 f) 150 + x + 23 = 215
g) x – 79 = 33 h) x – 37 · 2 = 0 i) x : 12 – 7 = 1

•4.1 Welche Gleichung passt zum Text? Gib die Lösungsmenge an.

a) Multipliziere 3 mit einer Zahl und addiere 7. Du erhältst 22.
b) Subtrahiere 6 von einer Zahl und multipliziere das Ergebnis mit 5. Du erhältst 150.
c) Wenn man eine Zahl durch 9 teilt und 4 subtrahiert, erhält man 8.
d) Du erhältst 25, wenn du eine Zahl durch 2 dividierst und das Ergebnis mit 5 multiplizierst.

4 Ungleichungen lösen

1 Kreise die Einsetzungen für x ein, die zu einer wahren Aussage führen. Schreibe die Lösungen und die Lösungsmenge auf.

Ungleichung: 27 · x – 26 < 198

Einsetzungen:
(1), (2), (3), (4), (5), (6), (7), (8), 9, 10

Lösungen: 1, *2, 3, 4, 5, 6, 7, 8*

Lösungsmenge: L = {1, *2, 3, 4, 5, 6, 7, 8*}

Ungleichung	8 + x < 10		
(1) Zahlen in Ungleichung einsetzen	x	8 + x < 10	wahr/falsch
	0	8 + 0 < 10	wahr
	1	8 + 1 < 10	wahr
	2	8 + 2 < 10	falsch
(2) Lösungsmenge notieren	L = {0, 1}		

2 Bestimme die Lösungen mit der Tabelle und schreibe die Lösungsmenge auf.

a)

x	x · 36 – 15 > 57	wahr/falsch
1	1 · 36 – 15 > 57	falsch
2	2 · 36 – 15 > *57*	*falsch*
3	3 · *36 – 15 > 57*	*wahr*
4	*4 · 36 – 15 > 57*	*wahr*

Wenn man 5, 6, 7, … einsetzt, erhält man nur noch *wahre* Aussagen.

Lösungen: *3, 4, 5, …*

Lösungsmenge: L = {*3, 4, 5, …* }

b)

x	500 + 25 · x < 600	wahr/falsch
1	500 + 25 · 1 < 600	*wahr*
2	*500 + 25 · 2 < 600*	*wahr*
3	*500 + 25 · 3 < 600*	*wahr*
4	*500 + 25 · 4 < 600*	*falsch*

Wenn man 5, 6, 7, … einsetzt, erhält man nur noch *falsche* Aussagen.

Lösungen: *1, 2, 3*

Lösungsmenge: L = {*1, 2, 3*}

Beispiele
75 + x < 80
L = {0, 1, 2, 3, 4}
75 + x > 80
L = {6, 7, 8, …}
75 + x < 75
L = { }

•***3*** Welche Ungleichung gehört zum Text? Gib auch die Lösungsmenge an.

a) Für welche Zahlen gilt: Wenn man die Zahl mit 7 multipliziert und 19 abzieht, ist das Ergebnis größer als 20?

x · 7 – 19 > 20   L = {6, 7, 8, …}

b) Für welche Zahlen gilt: Wenn man die Zahl zu 20 addiert und 19 abzieht, ist das Ergebnis kleiner als 5?

20 + x – 19 < 5   L = {0, 1, 2, 3}

L = {0, 1, 2, 3}; L = {1, 2, 3}; L = {1, 2, 3, 4, 5, 6, 7, 8}; L = {3, 4, 5, …}; L = {6, 7, 8, …}

zu 1 bis 3

1.1 Bestimme die Lösungen der Ungleichung 34 · x – 123 > 200. Zeichne dazu eine Tabelle und setze nacheinander die Zahlen 1 bis 10 ein. Kreise die Einsetzungen für x ein, die zu einer wahren Aussage führen. Schreibe die Lösungsmenge auf.

2.1 Bestimme die Lösungen mit einer Tabelle und schreibe die Lösungsmenge auf.
a) 14 + x > 25 b) 3 · (6 + y) < 31
c) 12 + x > 20 d) (x – 15) · 3 < 45
e) x + 18 < 31 f) x + 25 < 29
g) 40 – x < 29 h) 40 – x > 30
i) x – 15 > 30 j) x – 30 > 15

2.2 Welche natürlichen Zahlen sind Lösung der Ungleichung?
a) x + 5 < 12 b) 9 · x < 100 : 4
c) x · 7 < 35 d) 12 + x < 725 : 25
e) 5 + x + 12 > 56 f) x · 367 < 150
g) 7 + y > 3 · 4 h) 0 · 234 589 > 0 + x

•***3.1*** Welche Ungleichung gehört zum Text? Gib auch die Lösungsmenge an.
a) Zählt man zu einer Zahl 44 hinzu, soll das Ergebnis kleiner als 3 · 17 sein. Für welche Zahlen gilt das?
b) x · 19 soll größer sein als 1000 : 125 · 19. Für welche Zahlen ist das wahr?

DIPLOM

1

Setze ein und berechne.

x	x – 95	x : 5
135	*40*	*27*
215	*120*	*43*

Setze ein und berechne.

x	5 · (x + 25)	5 · x + 5 · 25
30	*275*	*275*
17	*210*	*210*

Setze ein und berechne.

x	y	5 · x + 5 · y	5 · (x + y)
4	3	*35*	*35*
20	15	*175*	*175*

2

Ist die Aussage wahr oder falsch?
7 · 14 = 96

falsch

Ist die Aussage wahr oder falsch?
37 – 25 = 41 – 29

wahr

Ist die Aussage wahr oder falsch?
4 · 8 – 15 = 100 : 5 – 3

wahr

3

Setze für den Platzhalter eine Zahl ein, so dass eine wahre Aussage entsteht. 144 : x = 12

144 : 12 = 12

Setze für den Platzhalter eine Zahl ein, so dass eine wahre Aussage entsteht. (3 + x) · 6 = 54

(3 + 6) · 6 = 54

Setze für den Platzhalter eine Zahl ein, so dass eine wahre Aussage entsteht. 14 + 9 = 240 : x – 7

14 + 9 = 240 : 8 – 7

4

Setze ein und bestimme die Lösungsmenge.

x	86 + 28 · x = 170	wahr/falsch
1	*114* = 170	*falsch*
2	*142* = 170	*falsch*
3	*170* = 170	*wahr*
4	*198* = 170	*falsch*
5	*226* = 170	*falsch*

L = {*3*}

Setze ein und bestimme die Lösungsmenge.

x	270 : x + 10= 100	wahr/falsch
1	*280* = 100	*falsch*
2	*145* = 100	*falsch*
3	*100* = 100	*wahr*
4	*$77\frac{1}{2}$* = 100	*falsch*
5	*64* = 100	*falsch*

L = {*3*}

Setze ein und bestimme die Lösungsmenge.

x	94 – 60 : x = 8 · 8	wahr/falsch
1	*34* = 64	*falsch*
2	*64* = 64	*wahr*
3	*74* = 64	*falsch*
4	*79* = 64	*falsch*
5	*82* = 64	*falsch*

L = {*2*}

5

Bestimme die Lösungsmenge.
72 : x + 15 = 24

L = {*8*}

Bestimme die Lösungsmenge.
27 + 0 · x – 5 = 22

L = {*0, 1, 2, 3, 4, …*}

Bestimme die Lösungsmenge.
290 – x · 310 + 15 = 300

L = { }

6

Schreibe die Ungleichung auf. Bestimme die Lösungsmenge. Das Produkt von 12 und x ist kleiner als 50.

12 · x < 50

L = {0, 1, 2, 3, 4}

Schreibe die Ungleichung auf. Bestimme die Lösungsmenge. Addiert man 28 zu x, so ist das Ergebnis kleiner als 150 : 5.

x + 28 < 150 : 5

L = {0, 1}

Schreibe die Ungleichung auf. Bestimme die Lösungsmenge. Das Produkt aus x und 18 soll größer sein als 17 + 51.

x · 18 > 17 + 51

L = {4, 5, 6, 7, …}

Bronze: ☆ ☆ ☆ ☆ ☆ | Silber: ☆ ☆ ☆ ☾ ☾ ☾ | Gold: ☾ ☾ ☾ ☼ ☼ ☼

8 Ebene Figuren

Vierecke

1 a) Falte ein Blatt Papier so, dass die Faltlinien wie in Fig. 1 ein Viereck mit einem rechten Winkel begrenzen. Falte nach jeder Faltung das Blatt wieder auf. Färbe das innere Viereck.
b) Falte die Vierecke in Fig. 2 und in Fig. 3. Färbe sie.

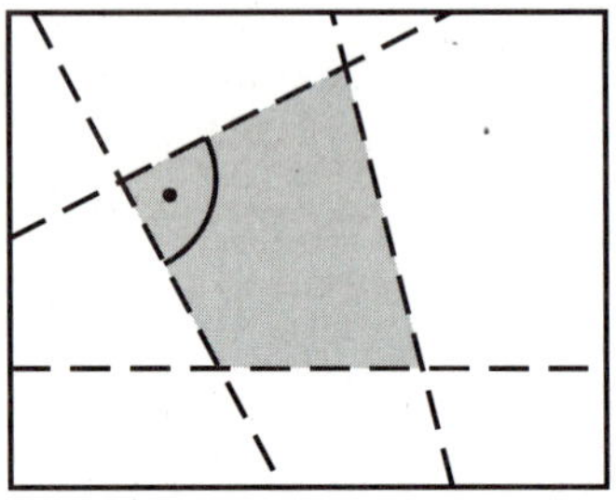
Fig. 1

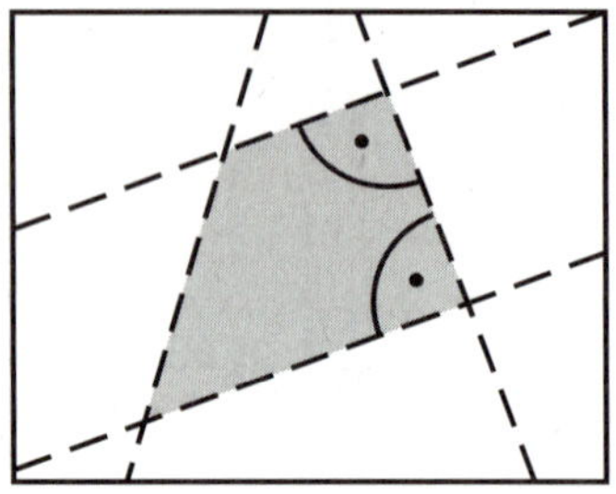
Fig. 2

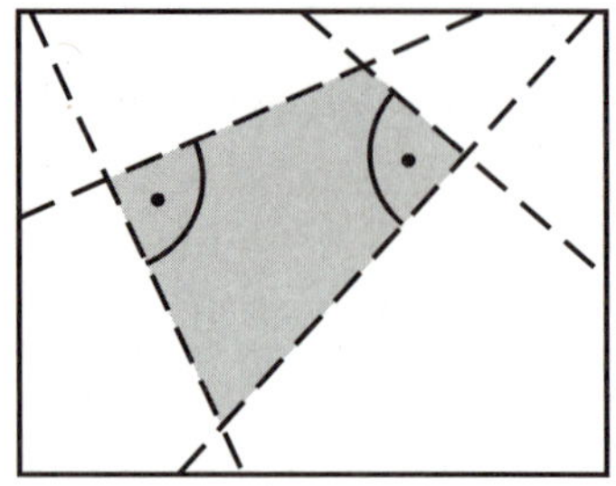
Fig. 3

2 a) Falte so wie in Fig. 4. Färbe das Viereck, das dabei entstanden ist.
b) Zeichne zwei Vierecke mit jeweils vier rechten Winkeln (Fig. 5).

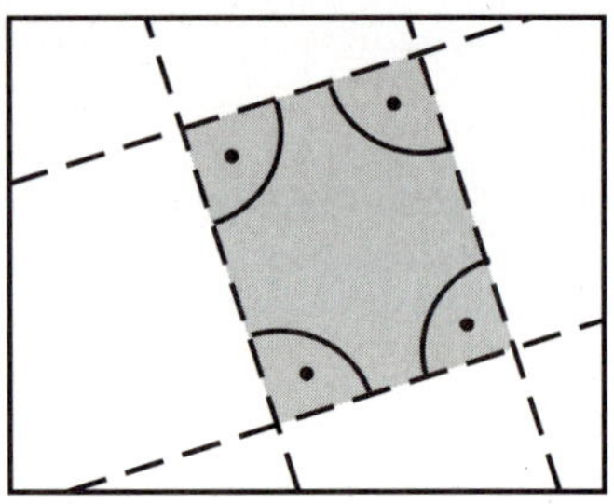
Fig. 4

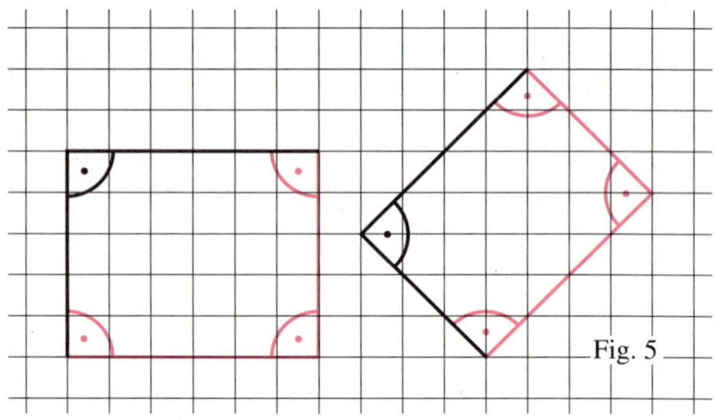
Fig. 5

3 a) Die Punkte A, B, C und D sind Eckpunkte von Vierecken. Verbinde sie zu Vierecken.
b) Färbe in jedem Viereck zueinander parallele Seiten mit derselben Farbe.
c) Welche Linien sind senkrecht zueinander? Trage das Zeichen ⊾ ein.
d) Färbe die Vierecke, bei denen nur rechte Winkel vorkommen.

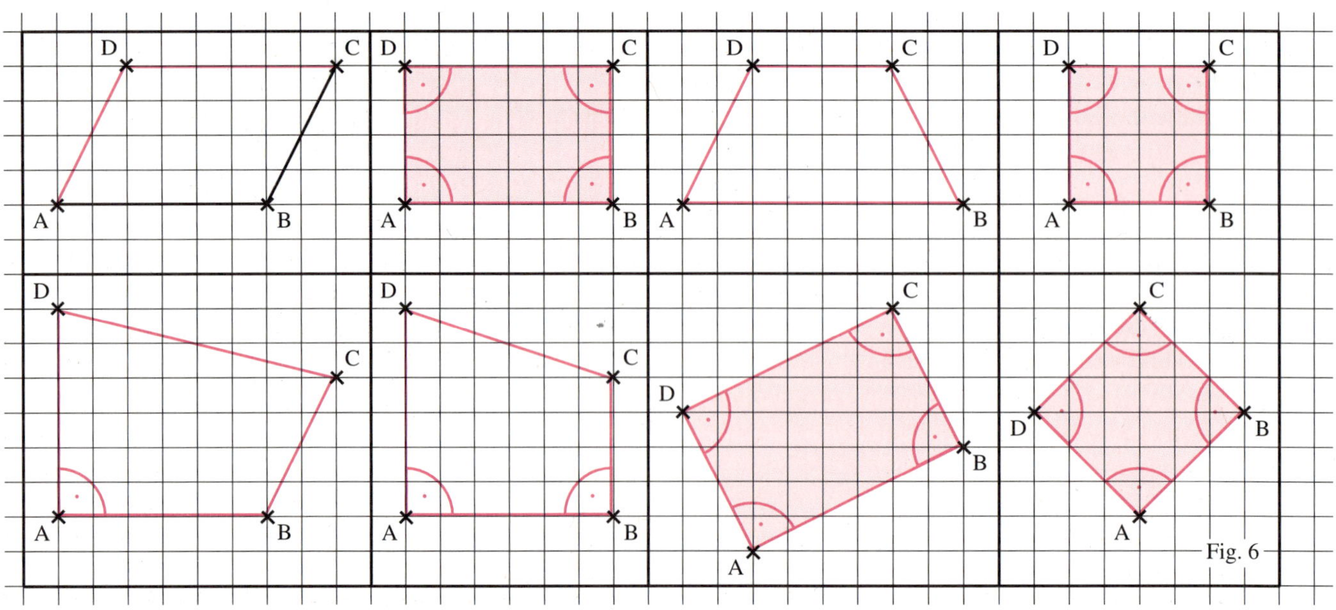

Fig. 6

1 Achsenkreuz

1

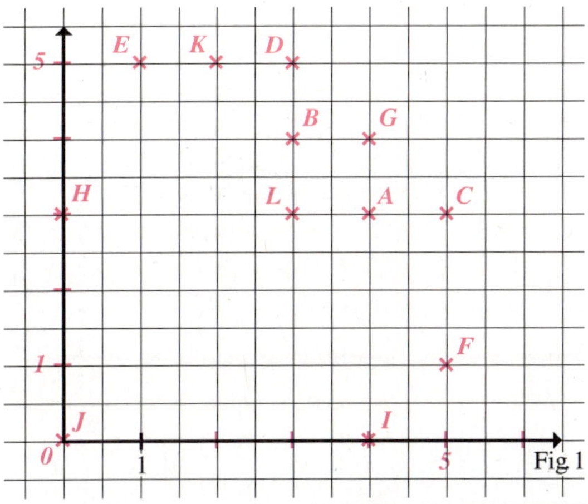

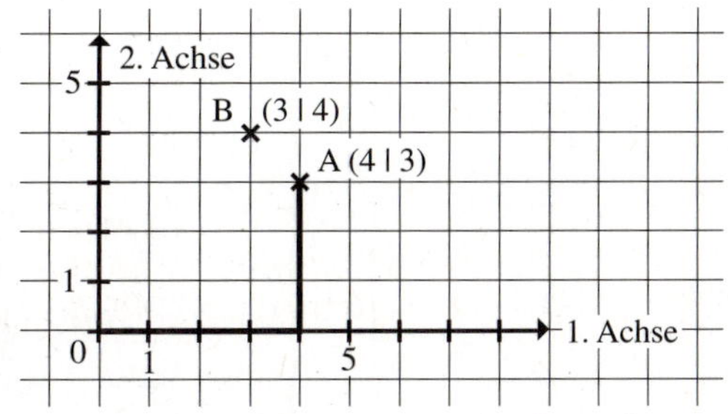

A (4 | 3)
Der Punkt A hat die **Koordinaten rechts 4** und **hoch 3.**

a) Vervollständige das Achsenkreuz.
b) Trage die Punkte A (4 | 3) und B (3 | 4) ein.

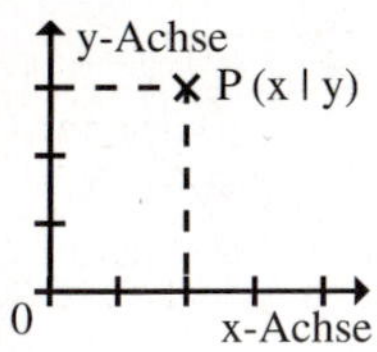

2 Trage in das Achsenkreuz von Fig. 1 folgende Punkte ein: C (5 | 3), D (3 | 5), E (1 | 5), F (5 | 1), G (4 | 4) H (0 | 3), I (4 | 0), J (0 | 0), K (2 | 5), L (3 | 3).

3

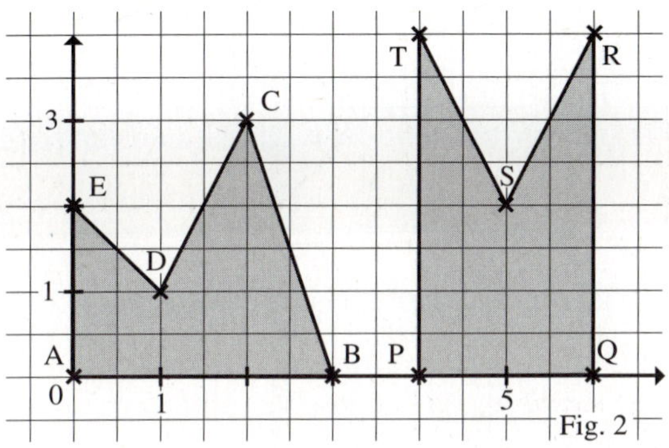

Bestimme die Koordinaten der Eckpunkte der beiden Fünfecke in Fig. 2.

A *(0 | 0)* B *(3 | 0)* C *(2 | 3)*

D *(1 | 1)* E *(0 | 2)*

P *(4 | 0)* Q *(6 | 0)* R *(6 | 4)*

S *(5 | 2)* T *(4 | 4)*

4

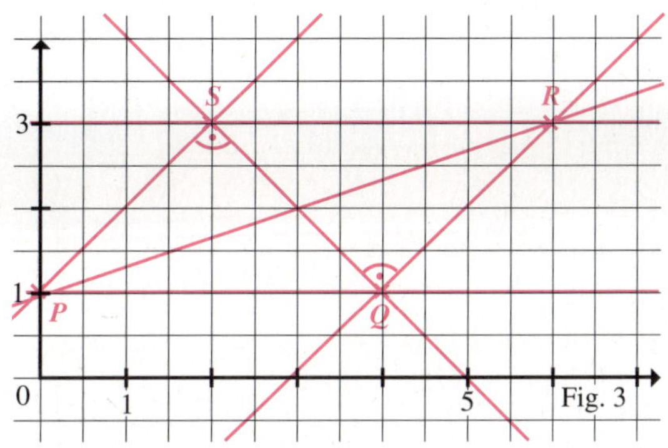

a) Trage in das Achsenkreuz ein: P (0 | 1), Q (4 | 1), R (6 | 3), S (2 | 3).
b) Zeichne je eine Gerade durch P und Q, durch Q und R, durch P und S, durch Q und S, durch R und S und durch P und R.
c) Färbe zueinander parallele Geraden mit derselben Farbe.
d) Welche der Geraden sind senkrecht zueinander? Trage das Zeichen ⊾ ein.

⊾ rechter Winkel

2.1 a) Zeichne ein Achsenkreuz.
b) Trage folgende Punkte ein:
A (0 | 3), B (2 | 2), C (3 | 0), D (4 | 2),
E (6 | 3), F (4 | 4), G (3 | 6), H (2 | 4).
c) Verbinde die Punkte fortlaufend.

4.1 a) Übertrage das Achsenkreuz und die Punkte von Fig. 4 auf Karopapier.
b) Bestimme die Koordinaten der Punkte im Achsenkreuz von Fig. 4.
c) Zeichne durch je zwei Punkte eine Gerade.
d) Färbe zueinander parallele Geraden mit der selben Farbe und kennzeichne zueinander senkrechte Geraden durch ⊾.

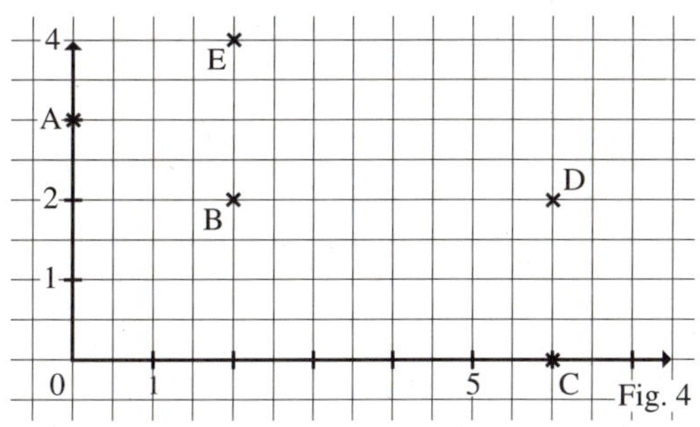

2 *Achsensymmetrische Figuren*

1 Zeichne die Symmetrieachsen ein.

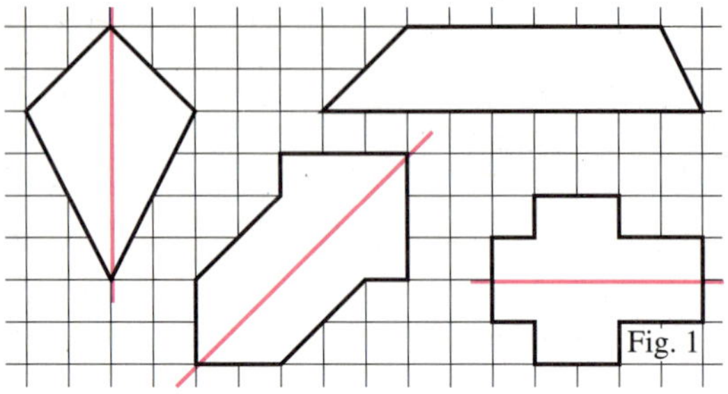

Fig. 1

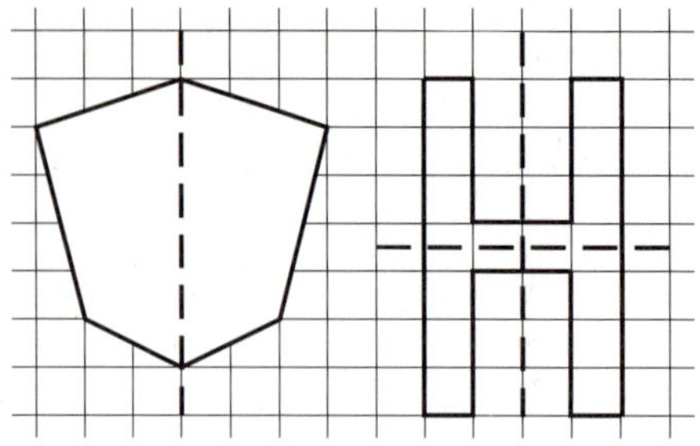

Die gestrichelten Linien — — sind Symmetrieachsen.

2 Ergänze zu achsensymmetrischen Figuren.

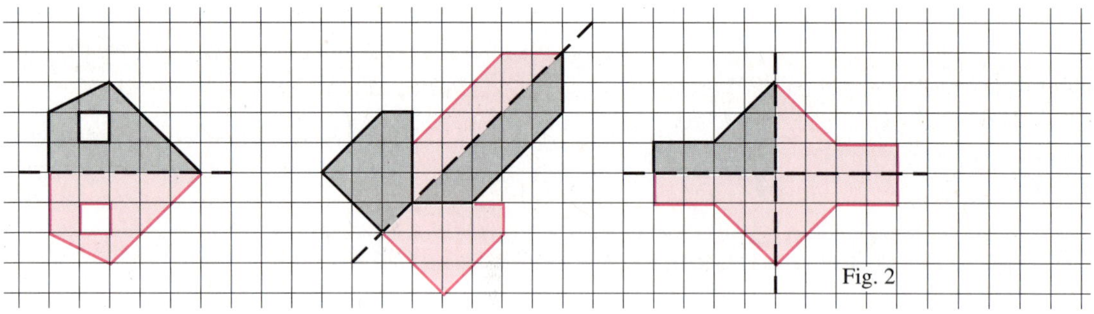

Fig. 2

Man nennt die Symmetrieachse auch Spiegelachse.

3 Trage die Eckpunkte der Vierecke in das Achsenkreuz ein und verbinde sie.

a) A(1 | 1), B (4 | 1), C (3 | 2), D (2 | 2)
b) E(5 | 1), F (6 | 3), G (5 | 5), H (4 | 3)
c) K(0,5 | 2), L (2,5 | 3), M (2,5 | 5), N (0,5 | 4)

4 Welche Figuren in Fig. 3 haben Symmetrieachsen? Zeichne sie ein.

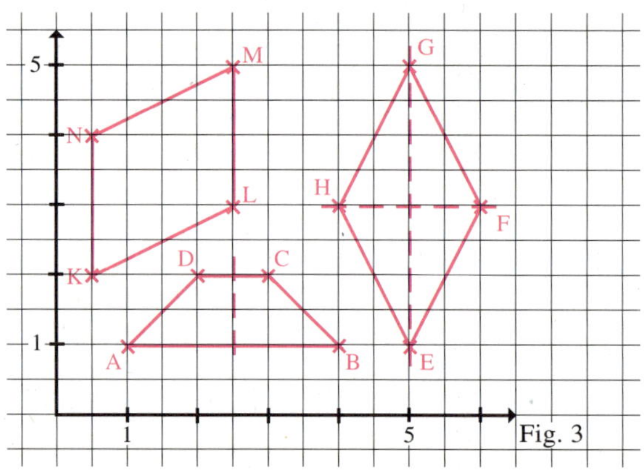

Fig. 3

2.1 a) Übertrage die Figuren von Fig. 4 auf Karopapier.
b) Ergänze sie zu achsensymmetrischen Figuren.

3.1 Zeichne die Vierecke in ein Achsenkreuz. Zeichne die Symmetrieachsen in Rot ein.

a) A(1 | 1), B (3 | 2), C (3 | 4), D (1 | 5).
b) E(4 | 2), F (8 | 2), G (8 | 5), H (4 | 5).

5 Zeichne Flaggen a) mit einer Symmetrieachse,
b) mit zwei Symmetrieachsen.

6 Welche großen Druckbuchstaben haben Symmetrieachsen? Zeichne sie.

•***7*** UHU ist ein Wort mit einer Symmetrieachse. Schreibe weitere Wörter auf.

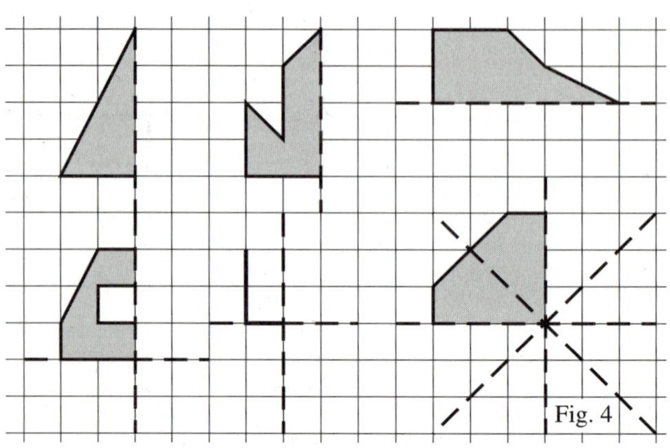

Fig. 4

3 *Rechtecke*

1 Färbe die Rechtecke grün.

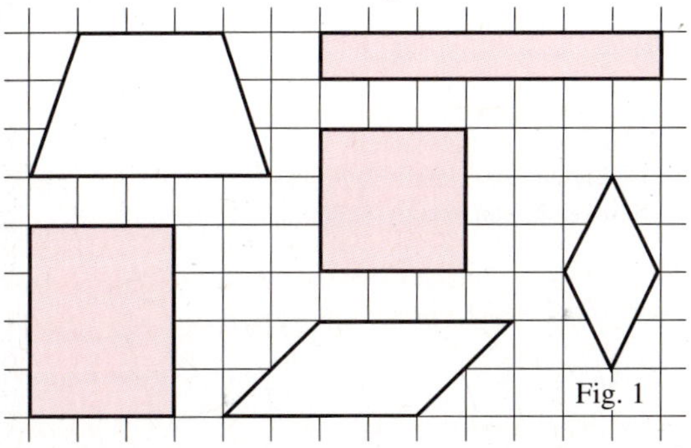

Fig. 1

Rechtecke zeichnen

(1) Eine Seite zeichnen

(2) Zwei gleich lange Seiten senkrecht zur ersten Seite zeichnen

(3) Verbinden

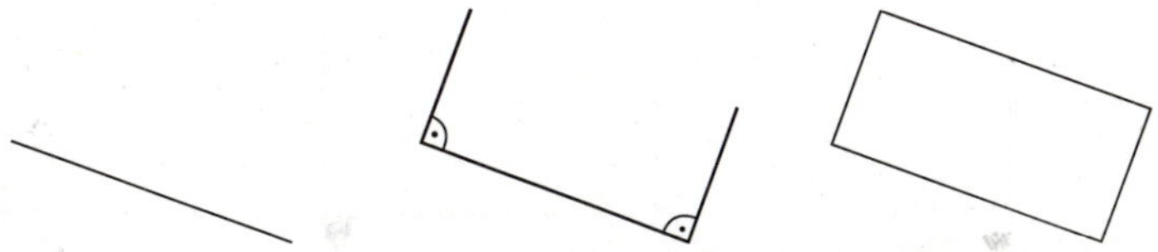

2 In Fig. 2 und Fig. 3 sind bereits zwei benachbarte Seiten von Rechtecken gezeichnet. Ergänze jeweils zum Rechteck.

Fig. 2

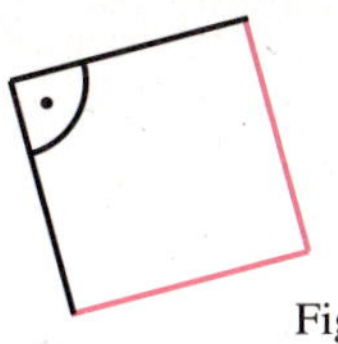

Fig. 3

3 Zeichne Rechtecke mit folgenden Seitenlängen. Zeichne die Diagonalen ein.

a) 3 cm und 2 cm b) 3 cm und 3 cm

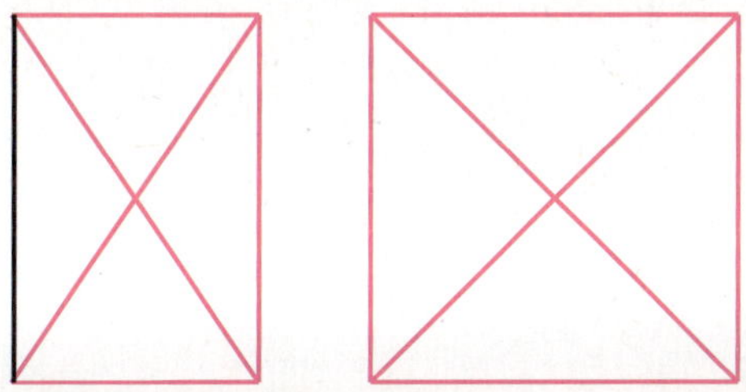

Fig. 4

4 Zeichne die Rechtecke. Bestimme die Koordinaten des vierten Eckpunktes.

a)	b)	c)
A (5 | 3,5)	E (0 | 4)	P (1 | 1)
B (5 | 0,5)	F (1 | 2)	Q (2 | 0)
C (7 | 0,5)	G (3 | 3)	R (4 | 2)

D (7 | 3,5) *H (2 | 5)* *G (3 | 3)*

d) Zeichne in die Rechtecke von Fig. 5 die Diagonalen ein.

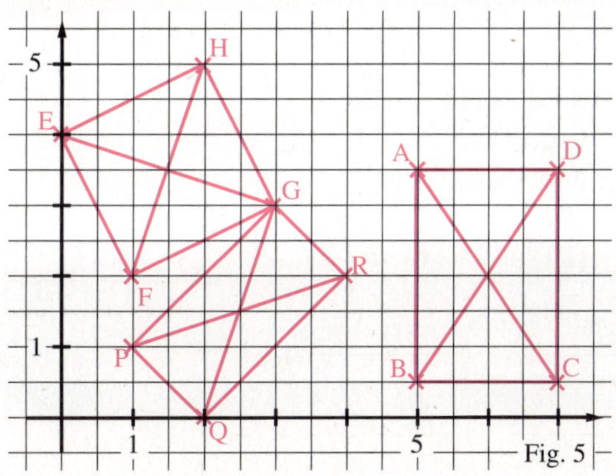

Fig. 5

Rechtecke

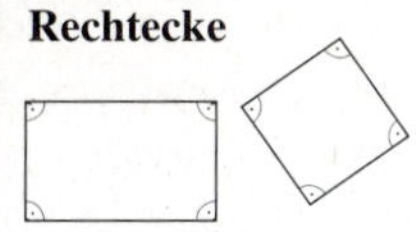

- gegenüberliegende Seiten sind gleich lang
- gegenüberliegende Seiten sind zueinander parallel
- benachbarte Seiten sind zueinander senkrecht

Rechteck mit **Diagonalen**

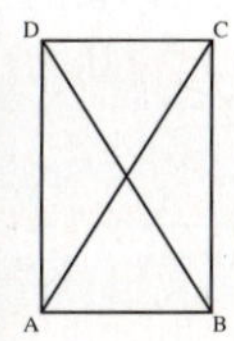

2.1 Übertrage Fig. 6 ins Heft. Ergänze zu Rechtecken.

3.1 Zeichne Rechtecke mit folgenden Seitenlängen. Zeichne auch die Diagonalen ein.

a) 5 cm und 3 cm b) 28 mm und 42 mm
c) 4 cm und 4 cm d) 14 mm und 14 mm

4.1 Zeichne die Rechtecke. Bestimme die Koordinaten des vierten Eckpunktes.

a)	b)	c)
A (1 | 4)	E (1 | 2)	P (5 | 4)
B (4 | 4)	F (3 | 0)	Q (8 | 2,5)
C (4 | 6)	G (5 | 2)	R (9 | 4,5)

5 Zeichne das Muster aus Fig. 7 auf
a) Karopapier, b) Papier ohne Linien.
Erzeuge durch Färben ein „schönes" Bild.

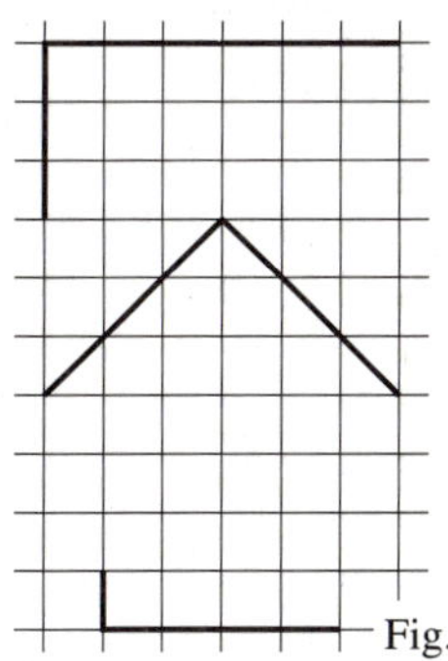

Fig. 6

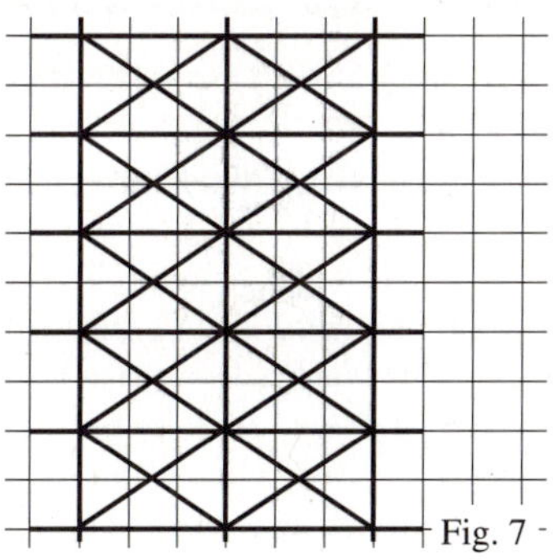

Fig. 7

4 *Quadrate*

1 a) Färbe den Rand der Rechtecke grün.
b) Färbe die Quadrate rot.

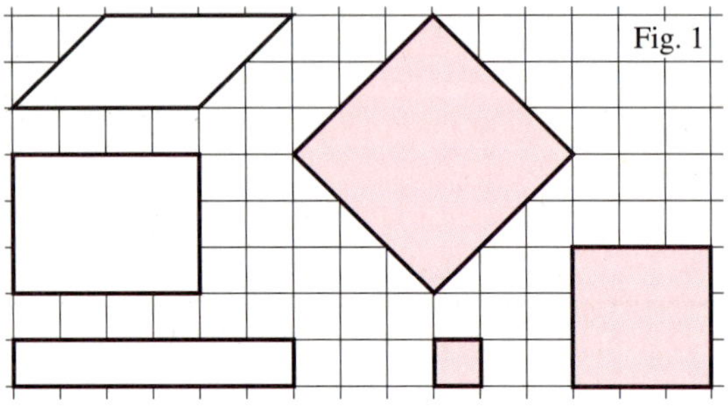

Fig. 1

Quadrate zeichnen

(1) Eine Seite zeichnen

(2) Zwei zur ersten Seite gleich lange Seiten senkrecht zur ersten Seite zeichnen

(3) Verbinden

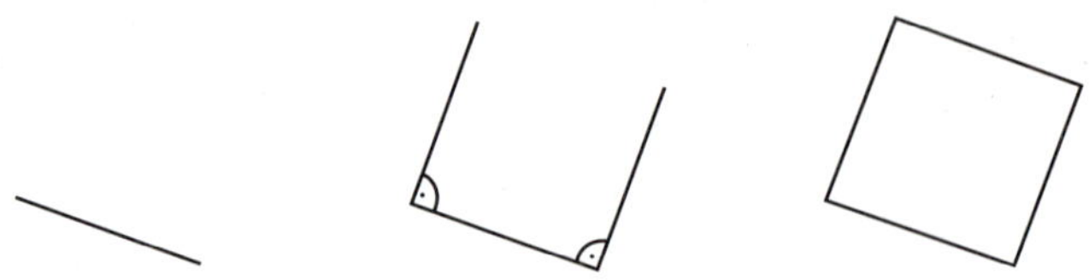

2 In Fig. 2 und in Fig. 3 wurde bereits eine Quadratseite gezeichnet. Ergänze jeweils zum Quadrat.

Fig. 2

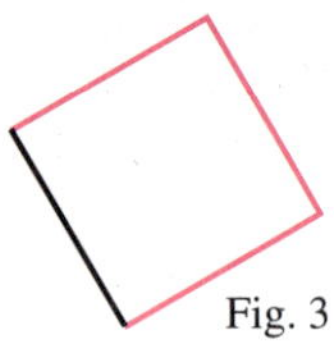

Fig. 3

3 Zeichne Quadrate mit folgenden Seitenlängen. Zeichne auch die Diagonalen ein.
a) 2 cm b) 15 mm

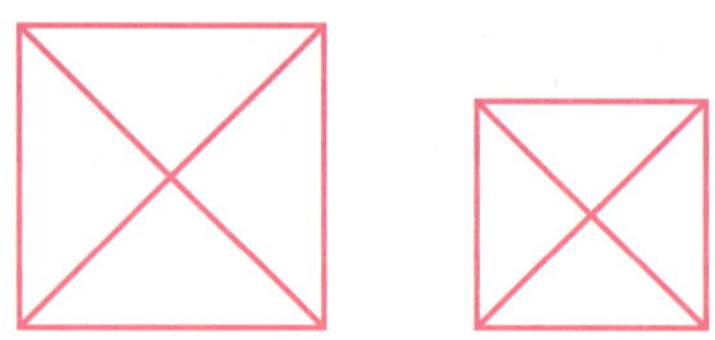

4 Von einem Quadrat sind zwei benachbarte Eckpunkte bekannt. Zeichne. Bestimme die Koordinaten der anderen Eckpunkte.

a) A (3,5 | 0,5) b) E (0 | 3) c) P (4 | 4)
B (5,5 | 0,5) F (2 | 1) Q (5 | 3)

C (5,5 | 2,5) G (4 | 3) R (6 | 4)

D (3,5 | 2,5) H (2 | 5) S (5 | 5)

5 Zeichne in die Quadrate von Fig. 4 die Diagonalen ein.

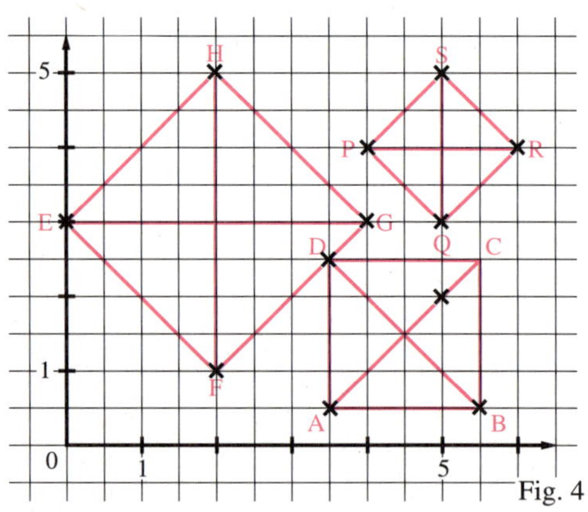

Fig. 4

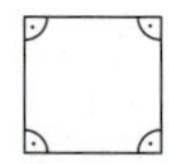

Quadrate sind Rechtecke,
– gegenüberliegende Seiten sind gleich lang
– gegenüberliegende Seiten sind parallel zueinander
– benachbarte Seiten sind senkrecht zueinander

Zusätzlich gilt für Quadrate:
Alle Seiten sind gleich lang.

Quadrat mit **Diagonalen**

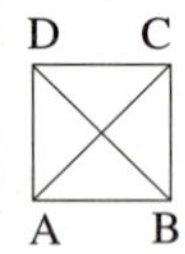

2.1 Übertrage die Quadratseiten aus Fig. 5 auf Karopapier. Ergänze zu Quadraten.

3.1 Zeichne Quadrate mit folgenden Seitenlängen. Zeichne auch die Diagonalen ein.
a) 4 cm b) 38 mm c) 3,5 cm d) 65 mm

4.1 Von einem Quadrat sind zwei benachbarte Eckpunkte bekannt. Bestimme die Koordinaten der anderen Eckpunkte.
a) A (0 | 2); B (0 | 0) b) K (5 | 0); L (8 | 0)
c) E (0 | 5); F (2 | 3) d) P (6 | 4); Q (7 | 5)

6 Zeichne die Quadratmuster von Fig. 6 und 7
a) auf Karopapier, b) auf Papier ohne Linien.
Färbe die Muster. Wie viele Quadrate enthalten sie jeweils?

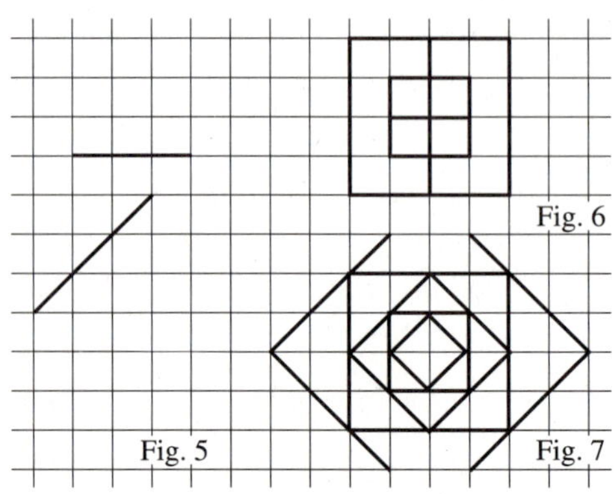

Fig. 5 Fig. 6 Fig. 7

5 *Mittellinien und Diagonalen zeichnen*

1 Zeichne in die Rechtecke ein:
Diagonalen rot, Mittellinien grün.

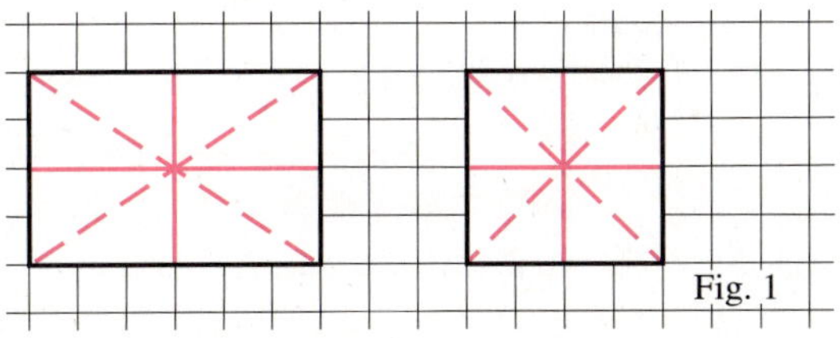
Fig. 1

Mittellinien zeichnen
(1) Seitenmitte bestimmen
(2) Gegenüberliegende Seitenmitten verbinden

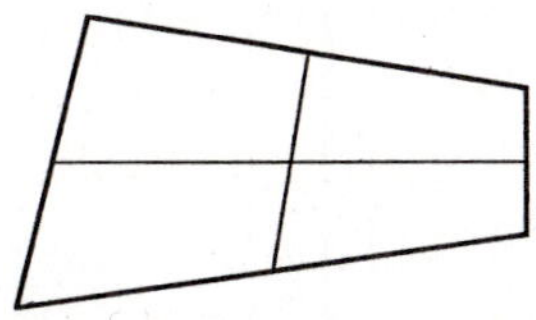

Diagonalen zeichnen
Gegenüberliegende Ecken verbinden

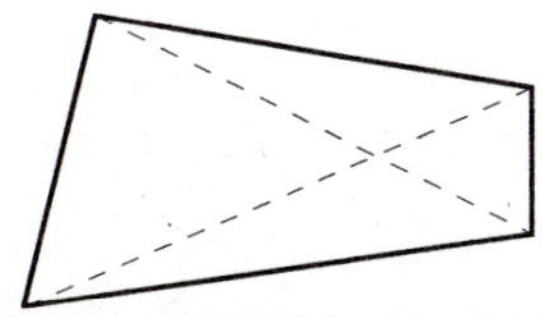

2 Zeichne Rechtecke:
a) Die Diagonalen sind 3 cm lang (Fig. 2).
b) Die Mittellinien sind 3 cm und 2 cm lang (Fig. 3).

3 Zeichne Quadrate:
a) Die Diagonalen sind 28 mm lang (Fig. 4).
b) Die Mittellinien sind 3 cm lang (Fig. 5).

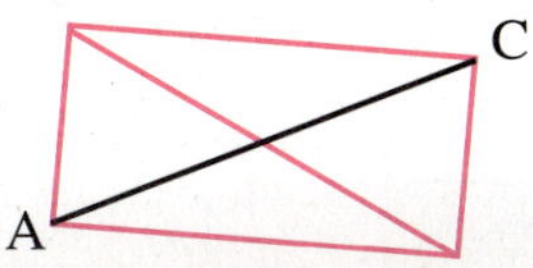

Fig. 2

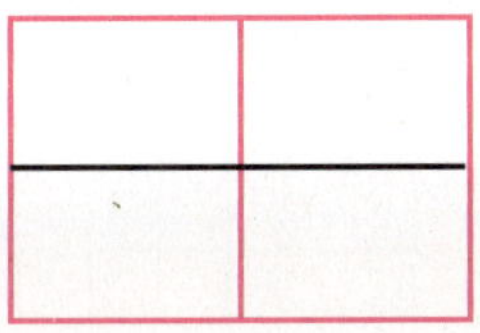
Fig. 3

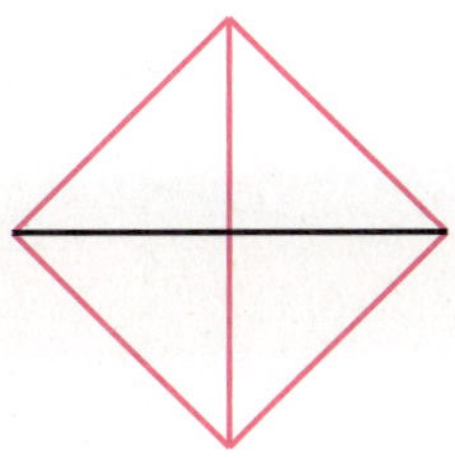
Fig. 4

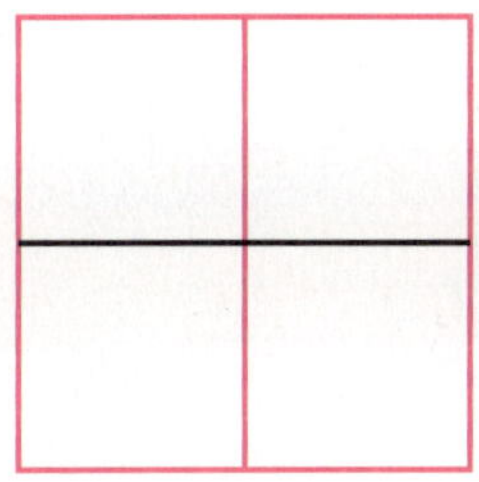
Fig. 5

Eigenschaften von Rechtecken
- Diagonalen
  - gleichlang
  - halbieren sich
- Mittellinien
  - gleichlang
  - halbieren sich

Eigenschaften von Quadraten
- Diagonalen
  - gleichlang
  - halbieren sich
  - senkrecht zueinander
- Mittellinien
  - gleichlang
  - halbieren sich
  - senkrecht zueinander

•**4** a) Zeichne in die Vierecke die Diagonalen und Mittellinien ein.

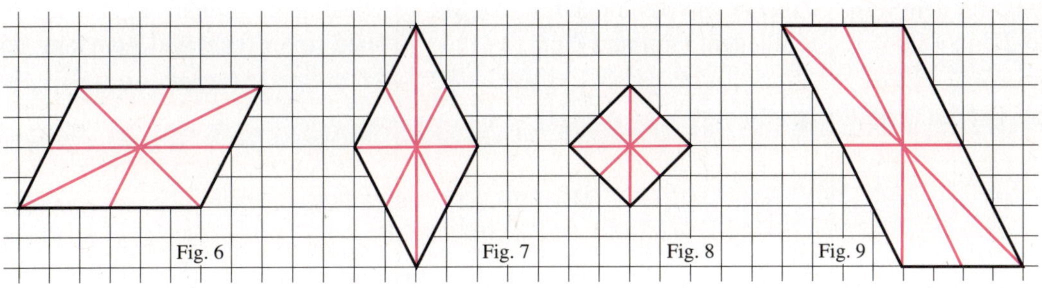
Fig. 6 Fig. 7 Fig. 8 Fig. 9

2.1 Zeichne ein Rechteck mit den Mittellinien
a) 6 cm und 4 cm b) 50 mm und 30 mm

3.1 Zeichne ein Quadrat mit der Diagonalen
a) 6 cm b) 5 cm c) 36 mm d) 10 cm

•**3.2** Zeichne ein Quadrat mit der Mittellinie
a) 6 cm b) 5 cm c) 36 mm d) 10 cm

•**4.1** a) Übertrage die Vierecke aus Fig. 10 bis 13 auf Karopapier.
b) Zeichne Diagonalen und Mittellinien ein.

•**5** Zeichne Flaggen und Schilder, die Diagonalen oder Mittellinien enthalten. Färbe sie.

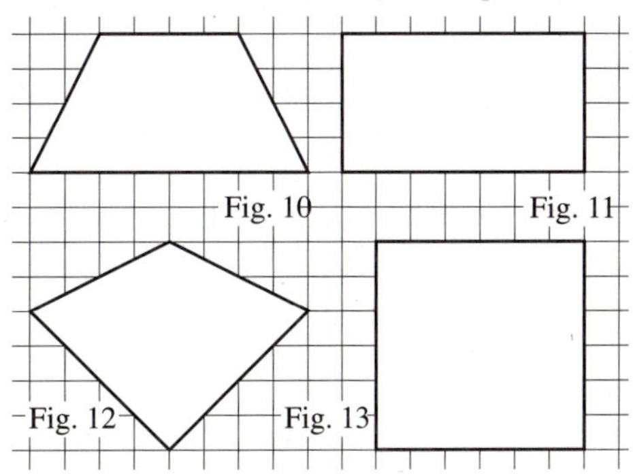
Fig. 10 Fig. 11 Fig. 12 Fig. 13

DIPLOM

1

Trage ein: A (1 | 1), B (4 | 1), C (4 | 3), D (1 | 3). Verbinde zu einem Viereck.

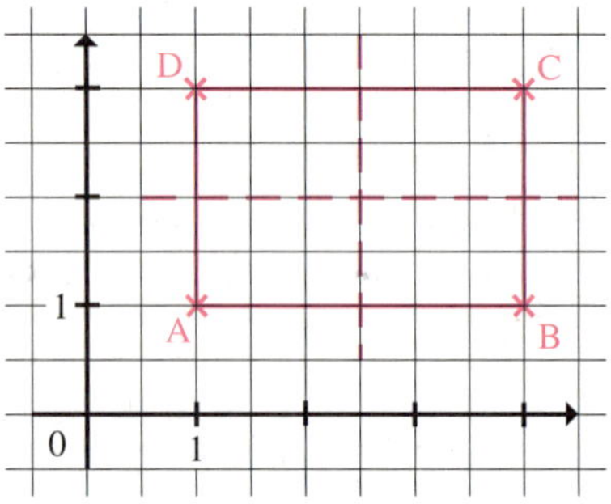

Trage ein: A (0 | 2), B (2 | 0), C (3 | 1), D (1 | 3). Verbinde zu einem Viereck.

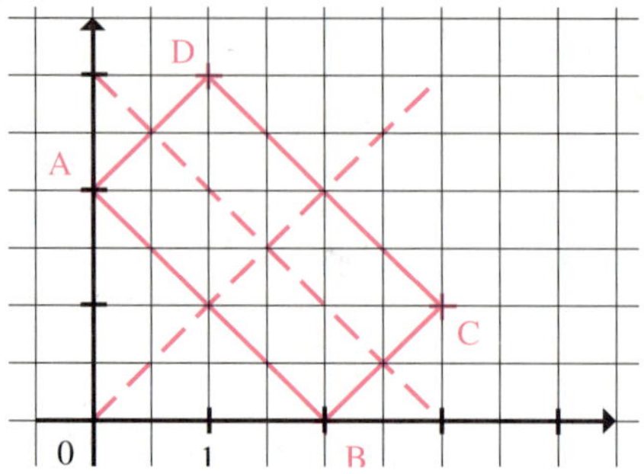

Trage ein: A (1 | 0), B (1 | 1), C (0 | 1), D (0 | 2), E (1 | 2), F (1 | 3). Verbinde die Punkte.

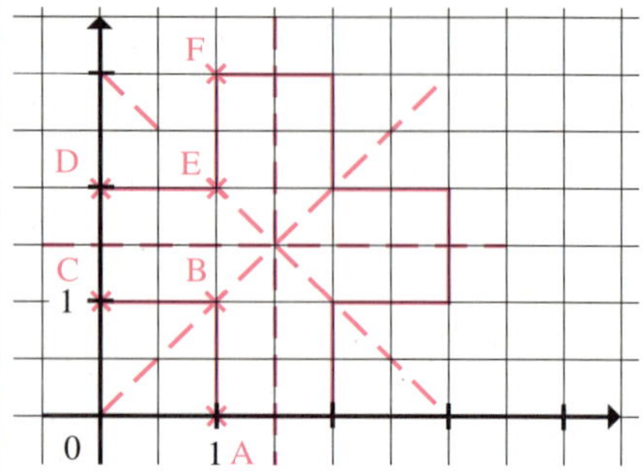

2

Zeichne in die Figur die Symmetrieachsen ein.

Zeichne in die Figur die Symmetrieachsen ein.

Ergänze zu einer Figur mit vier Symmetrieachsen. Zeichne sie.

3

Ergänze zu einer achsensymmetrischen Figur.

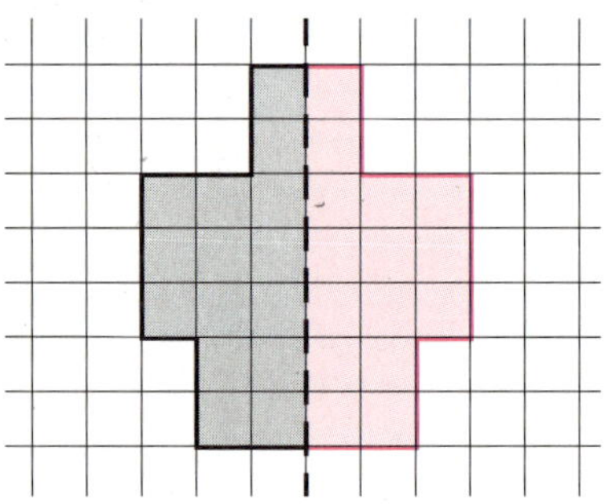

Ergänze zu einer achsensymmetrischen Figur.

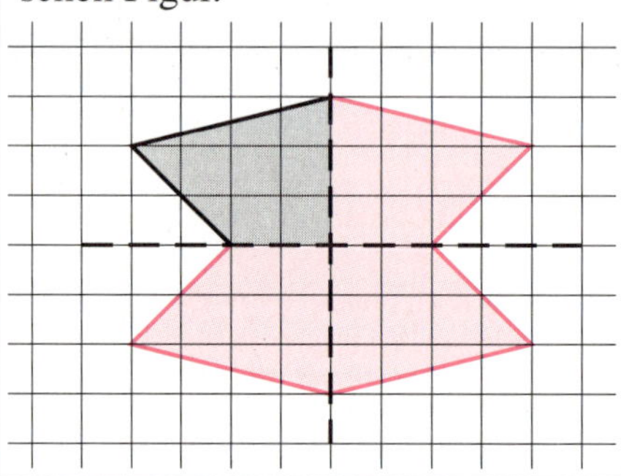

Ergänze zu einer achsensymmetrischen Figur.

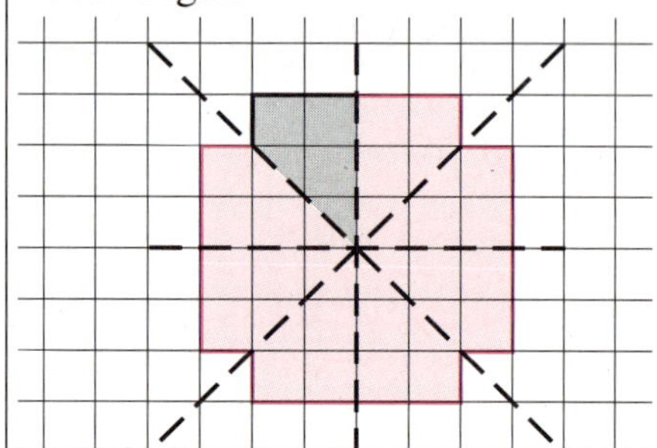

4

Zeichne ein Rechteck mit den Seitenlängen 3 cm und 2 cm.

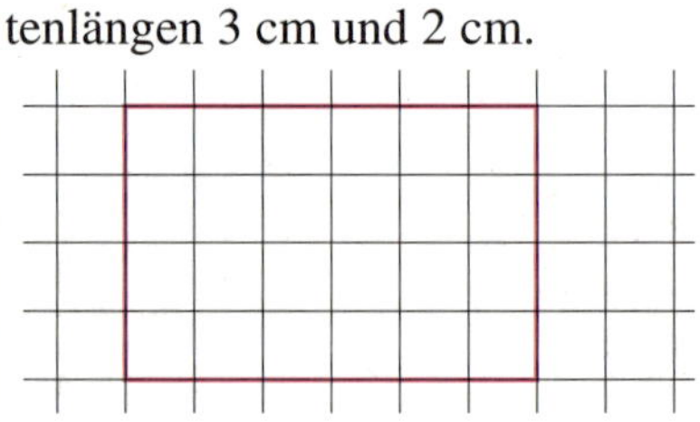

Zeichne ein Rechteck mit den Seitenlängen 3 cm und 2 cm.

Zeichne ein Rechteck. Die Mittellinien sollen 3 cm und 2 cm lang sein.

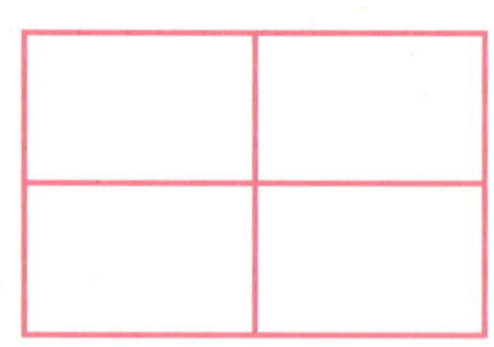

5

Zeichne ein Quadrat mit der Seitenlänge 3 cm.

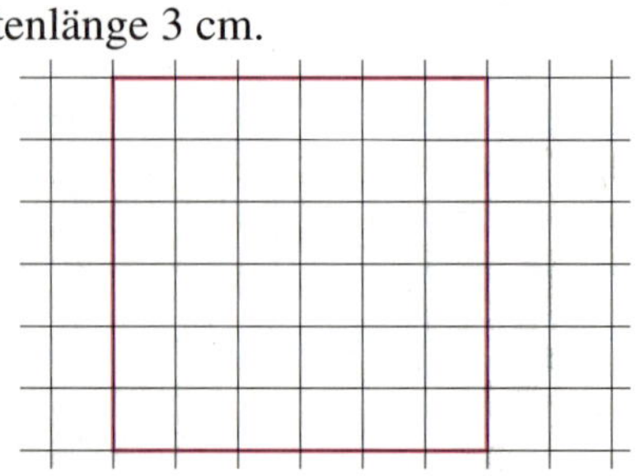

Zeichne ein Quadrat mit der Seitenlänge 3 cm.

Zeichne ein Quadrat. Eine Diagonale soll 3 cm lang sein.

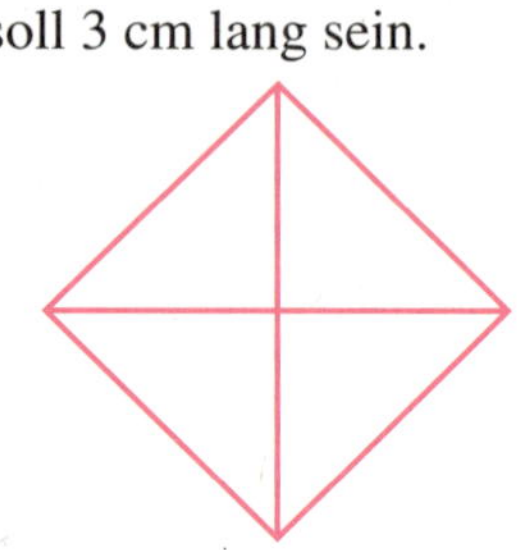

Bronze:

Silber:

Gold:

9 Körper

1 Geometrische Körper

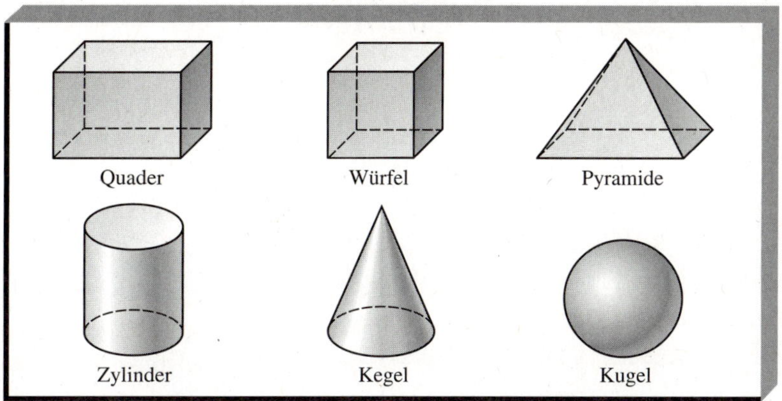

1 Schreibe die Namen der geometrischen Körper auf.

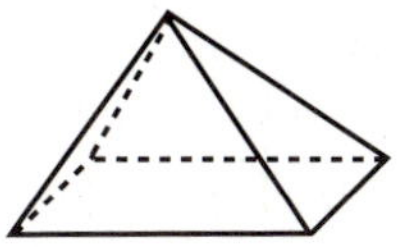

Pyramide

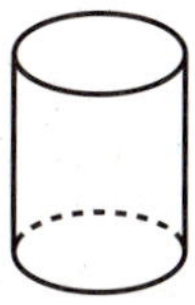

Zylinder

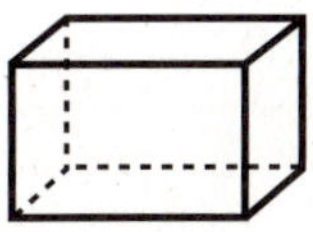

Quader

Kugel

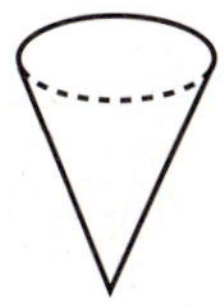

Kegel

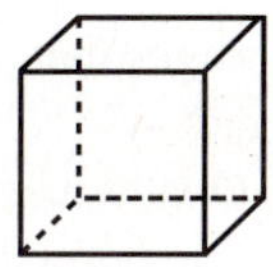

Würfel

Fig. 3

2 Fülle die Tabelle aus.

	Pyramide	Quader	*Kugel*	*Zylinder*	*Würfel*	Kegel
Anzahl der Flächen	*5*	*6*	1	*3*	*6*	*2*
Anzahl der Kanten	*8*	*12*	*0*	2	*12*	*1*
Anzahl der Ecken	*5*	*8*	*0*	*0*	8	*0*

•**3** Die Körper in Fig. 4 und Fig. 5 sind aus einfachen Körpern zusammengesetzt. Schreibe auf, aus welchen Grundformen die Körper bestehen.

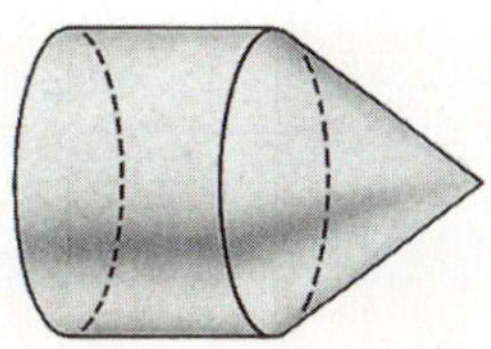

Fig. 4

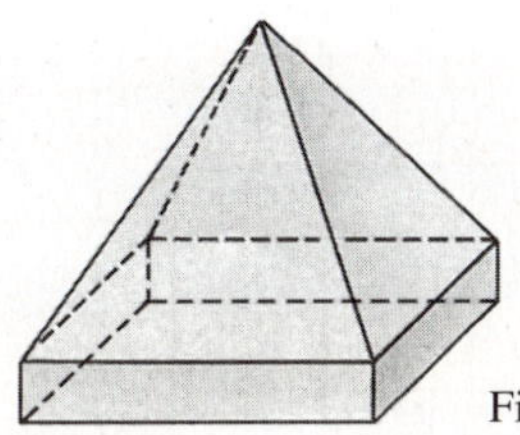

Fig. 5

Zylinder *Kegel* *Quader* *Pyramide*

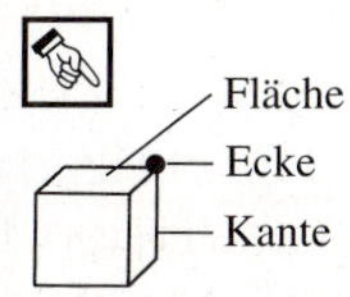

Flächen begrenzen geometrische Körper.

Kanten entstehen dort, wo Flächen zusammentreffen.

Ecken entstehen dort, wo mindestens drei Kanten zusammentreffen.

1.1 Zu welchen geometrischen Körpern gehören die Gegenstände in Fig. 6?

1.2 Schreibe zu den Gegenständen den passenden geometrischen Körper auf.
a) Ziegelstein b) Walze c) Tennisball
d) Eistüte e) Rohr f) Globus

•**2.1** Welche Körper in Fig. 3 haben
a) gerade Kanten, b) keine Kanten?

•**2.2** Welche Körper in Fig. 3 haben
a) keine Ecken, b) zwei Kanten,
c) eine Kante, d) keine Kante, keine Ecke?

Fig. 6

2 Quadernetze zeichnen

1

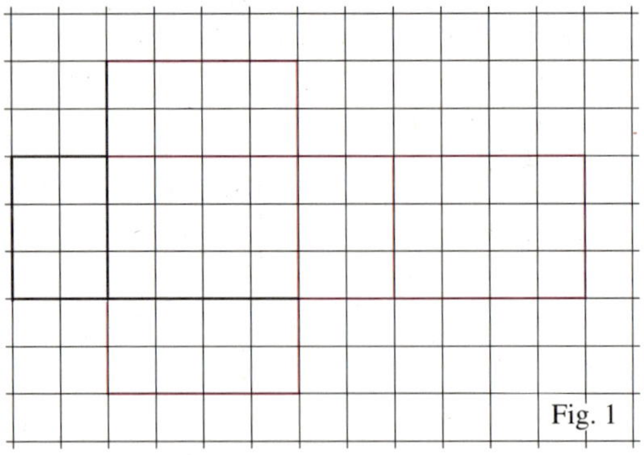
Fig. 1

Ein Quadernetz entsteht

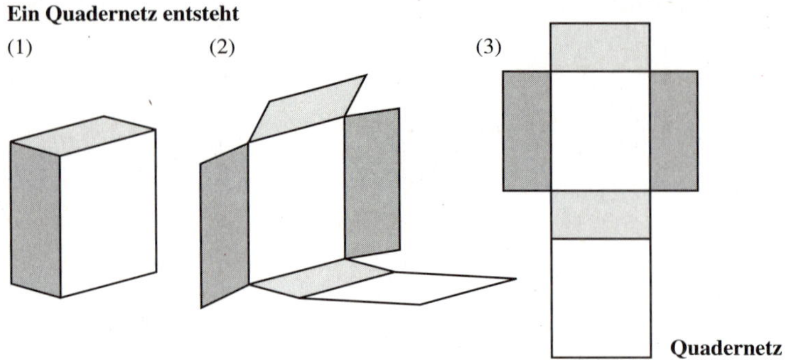

a) Fig. 1 zeigt ein unvollständiges Quadernetz. Welche Längen haben die Kanten?
b) Zeichne das vollständige Quadernetz.
c) Färbe die Rechteckseiten, die beim Zusammenfalten eine Kante bilden, mit derselben Farbe.

Länge	Breite	Höhe
2 cm	*1,5 cm*	*1 cm*

2 a) Ergänze Fig. 2 zu einem Quadernetz.
b) Färbe die Rechteckseiten, die beim Zusammenfalten eine Kante bilden, mit derselben Farbe.
c) Welche Kantenlängen hat der Quader?

1,5 cm *1 cm* *0,5 cm*

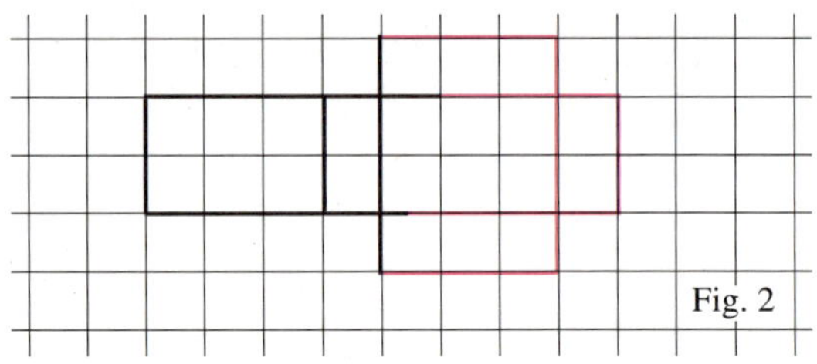
Fig. 2

3 Zeichne das Netz eines Quaders mit den Kantenlängen
a) 2 cm, 2,5 cm und 1 cm.
b) 2 cm, 2 cm und 1 cm.

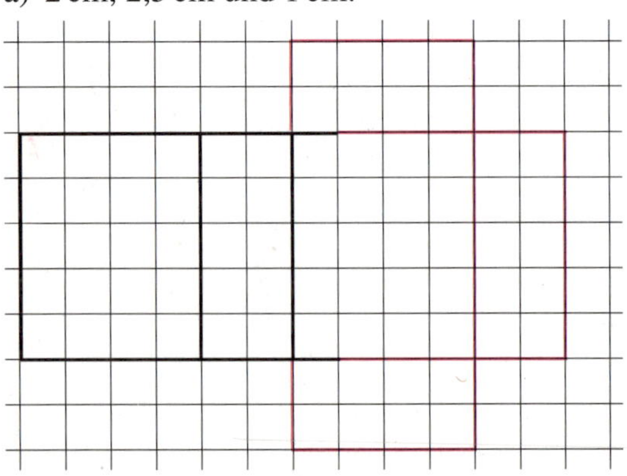

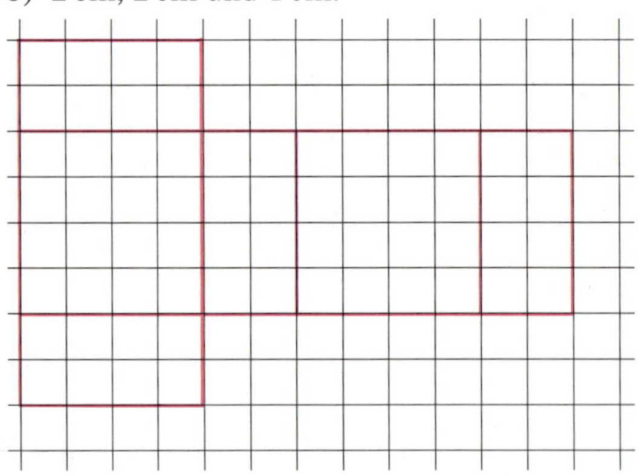

2.1 a) Zeichne auf Karopapier die Netze für die Quader in Fig. 3.
b) Färbe die Seiten, die beim Zusammenfalten eine Kante bilden, mit derselben Farbe.

•3.1 Zeichne Netze für diese Quader:
a) 4 cm, 3 cm, 2 cm b) 1,5 cm, 1,5 cm, 1,5 cm

•4 Fig. 4 zeigt eine offene Schachtel.
a) Zeichne das Netz dieser Schachtel.
b) Zeichne das Netz dieser offenen Schachtel auf einen rechteckigen Bogen Papier, der die Seitenlängen 12 cm und 5 cm hat.

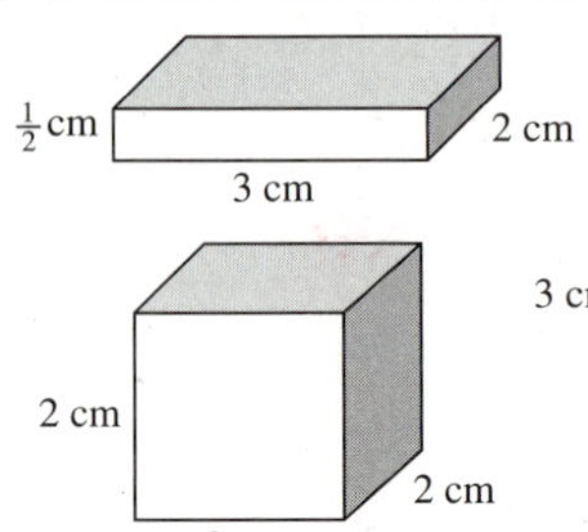

Fig. 3

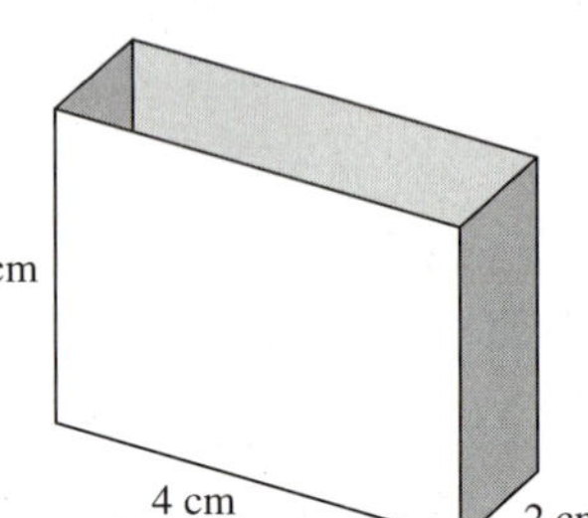

Fig. 4

3 Würfelnetze zeichnen

1 a) Vervollständige zu zwei Würfelnetzen wie in Fig. 1.
b) Färbe Flächen, die beim Würfel gegenüberliegen, mit derselben Farbe.

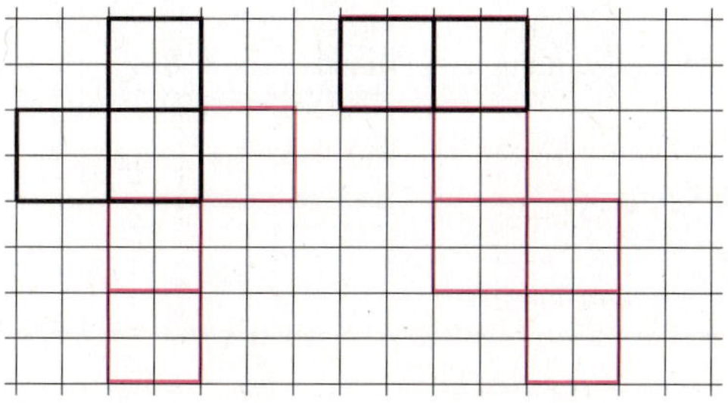

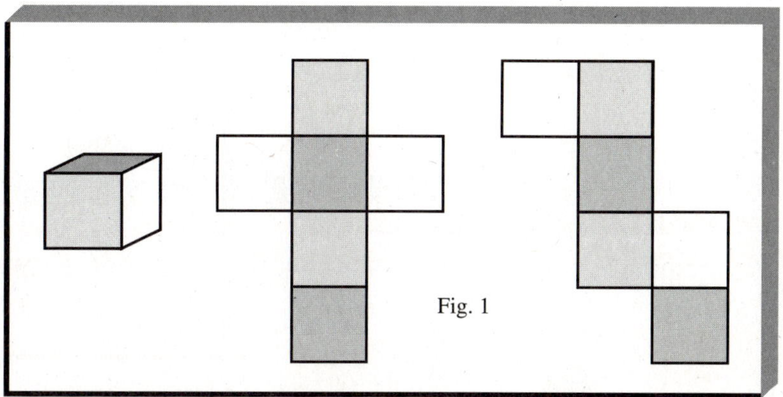

Fig. 1

2 a) Ergänze die Figuren so, dass jeweils ein Würfelnetz entsteht.
b) Färbe Flächen, die beim Würfel gegenüberliegen, mit derselben Farbe.

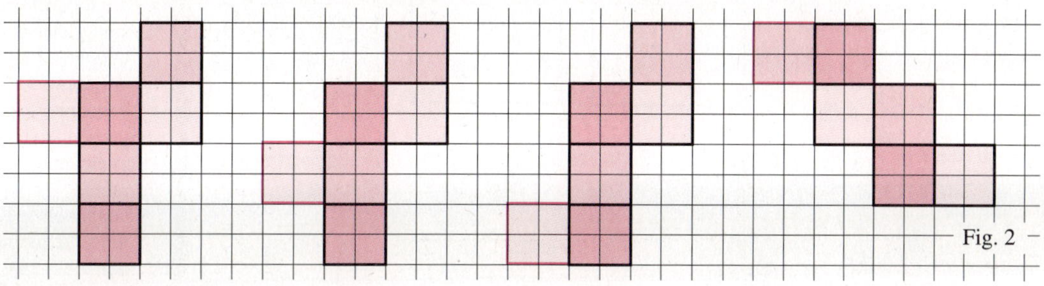

Fig. 2

•3 a) Um den Würfel in Fig. 3 laufen zwei Bänder. Färbe die Bänder rot und grün.
b) Fig. 4 zeigt drei Würfelnetze. Zeichne die grünen und roten Bänder ein.

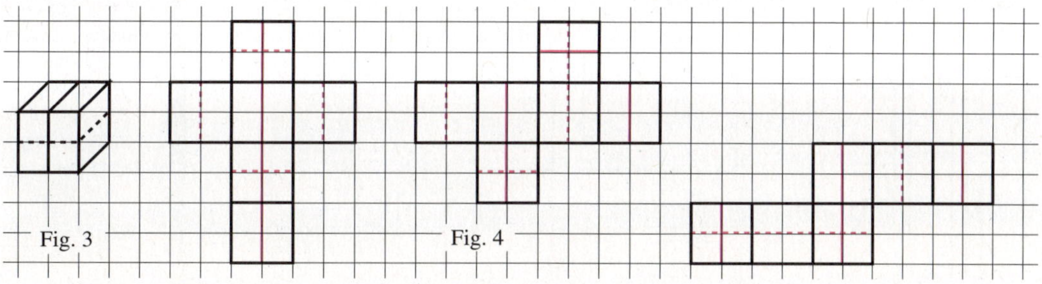

Fig. 3 Fig. 4

2.1 a) Zeichne für einen Würfel mit der Kantenlänge 1 cm drei verschiedene Netze.
b) Färbe gegenüberliegende Flächen mit derselben Farbe.

2.2 a) Zeichne Fig. 5 viermal auf Karopapier. Ergänze sie jeweils zu einem Würfelnetz.
b) Ergänze auch Fig. 6 zu Würfelnetzen. Wie viele verschiedene Möglichkeiten gibt es?

•3.1 Zeichne verschiedene Netze für die offene Schachtel in Fig. 7. Färbe die Grundfläche rot und die Seitenflächen grün.

•4 Zeichne für den Würfel in Fig. 8 vier Netze. Trage die Bänder rot und grün ein.

•5 Es gibt 11 verschiedene Würfelnetze. Zeichne sie auf Karopapier.

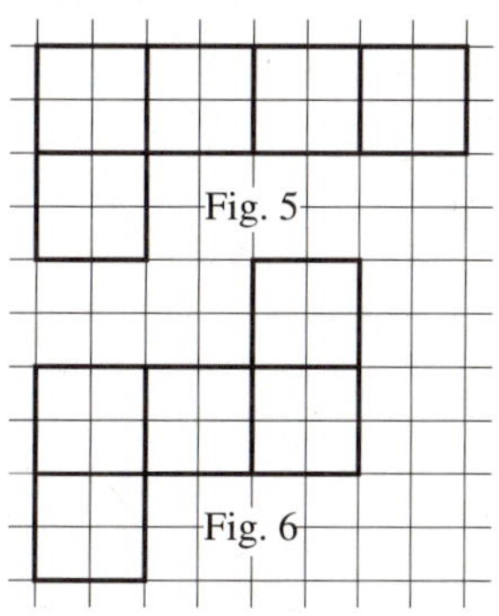

Fig. 5 Fig. 6

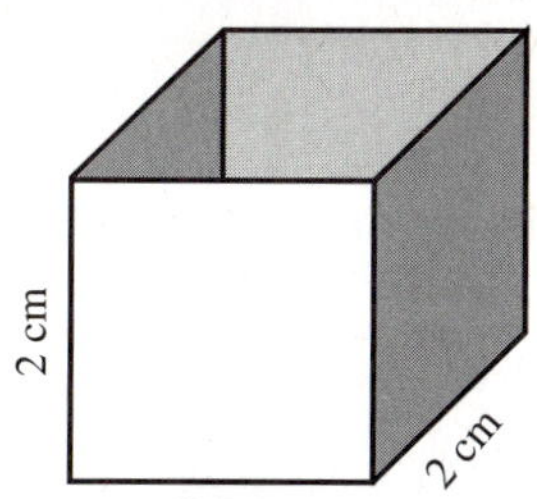

Fig. 7

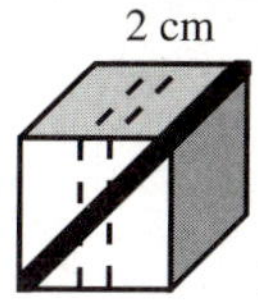

Fig. 8

4 Quader darstellen

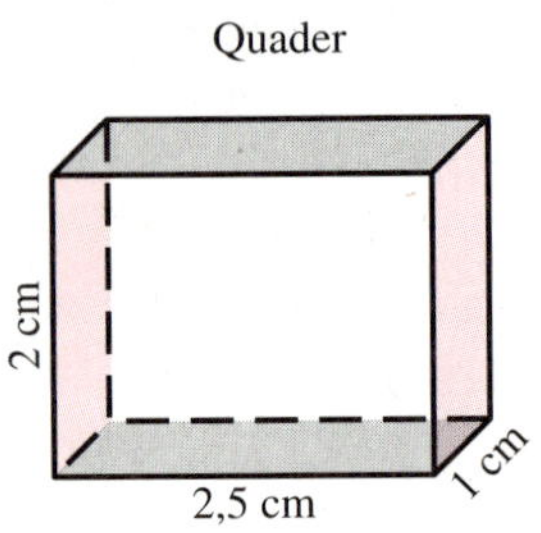

Fig. 1

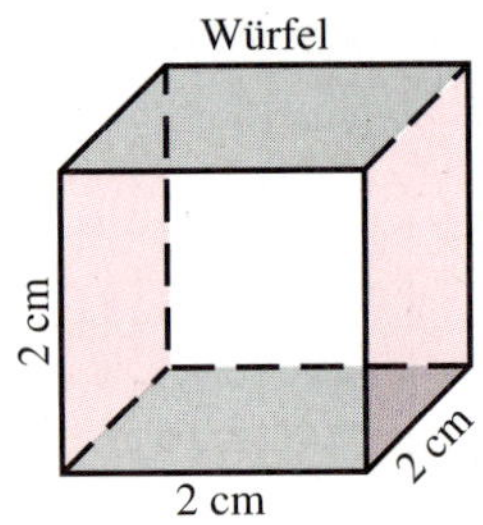

Fig. 2

Quader darstellen

- Schrägbild

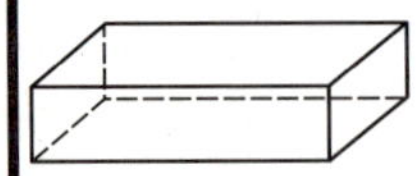

- Quadernetz

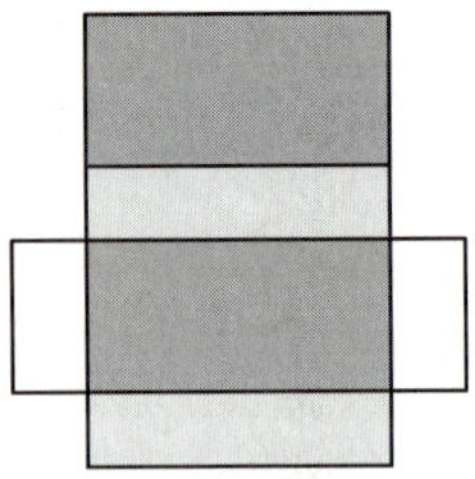

- Seitenflächen

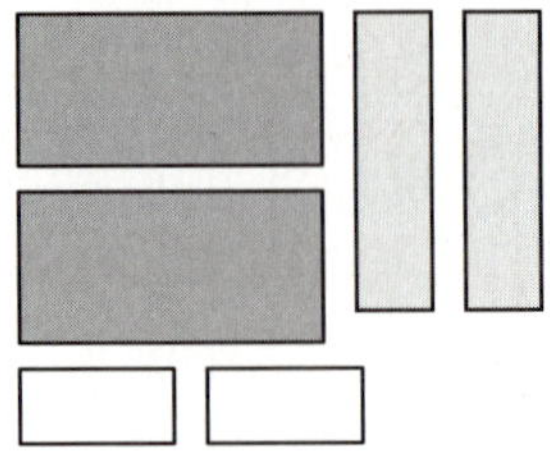

1 Zeichne für den Quader in Fig. 1 die fehlenden Seitenflächen dazu.

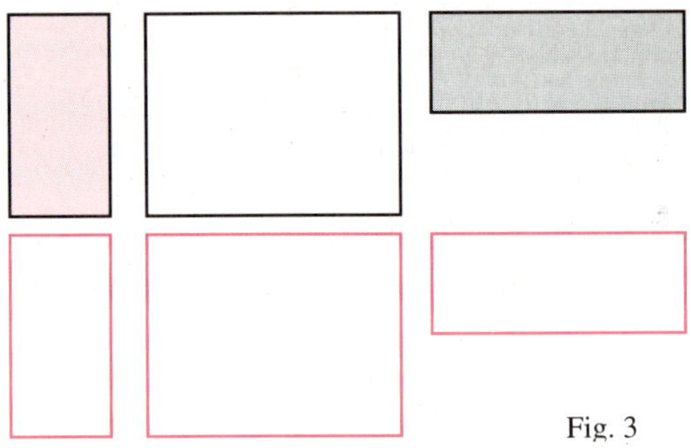

Fig. 3

2 Zeichne für den Würfel in Fig. 2 die fehlenden Seitenflächen dazu.

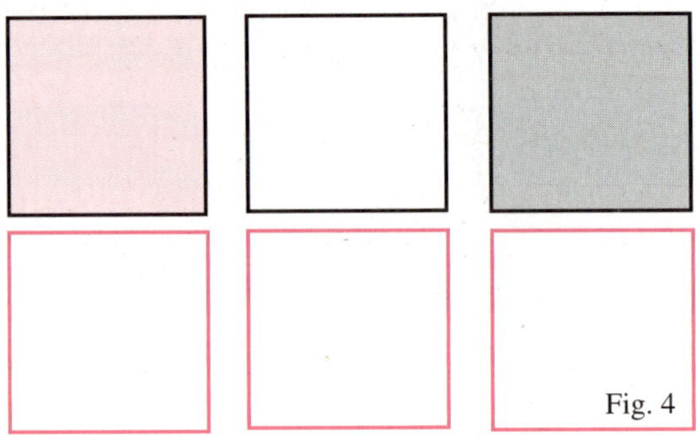

Fig. 4

3 Das Kantenmodell eines Quaders soll aus Stäben zusammengesetzt werden. Zeichne die fehlenden Stäbe dazu.

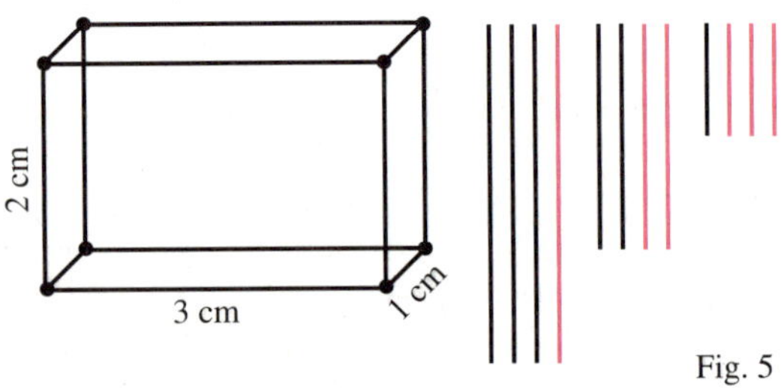

Fig. 5

•**4** Fig. 6 zeigt nur zwei Seitenflächen eines Quaders. Zeichne die fehlenden Flächen dazu.

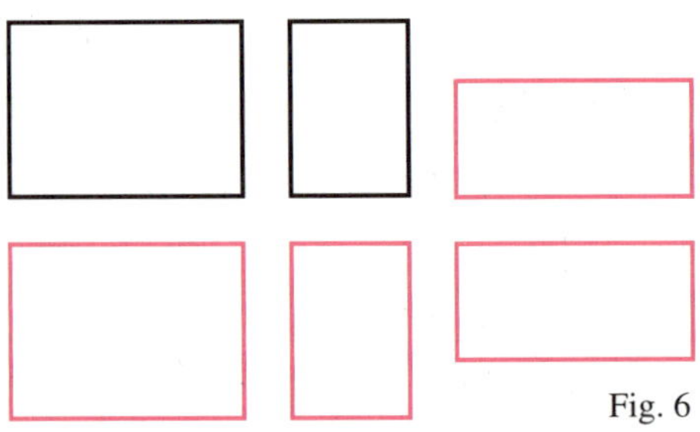

Fig. 6

Eigenschaften von Quadern

- alle Seitenflächen sind Rechtecke,
- gegenüberliegende Seitenflächen sind gleich groß und sind zueinander parallel,
- benachbarte Seitenflächen sind zueinander senkrecht,
- benachbarte Kanten sind zueinander senkrecht.

Eigenschaften von Würfeln

Es gelten alle Eigenschaften des Quaders, zusätzlich:

- alle Kanten sind gleichlang
- alle Seitenflächen sind gleichgroße Quadrate

1.1 a) Zeichne für den Quader in Fig. 7 die sechs Seitenflächen auf Karopapier.
b) Färbe die Seitenflächen, die beim Quader zueinander parallel sind, mit derselben Farbe.

3.1 Der Quader in Fig. 7 soll aus Stäben als Kantenmodell gebaut werden. Zeichne die erforderlichen Stäbe in dein Heft.

•***4.1*** Fig. 8 zeigt nur zwei Seitenflächen eines Quaders. Zeichne alle Seitenflächen.

•***5*** Fig. 9 zeigt drei Kanten eines Quaders.
a) Zeichne alle Kanten des Quaders.
b) Zeichne alle Seitenflächen des Quaders.
c) Färbe die Seitenflächen, die beim Quader zueinander parallel sind, mit derselben Farbe.

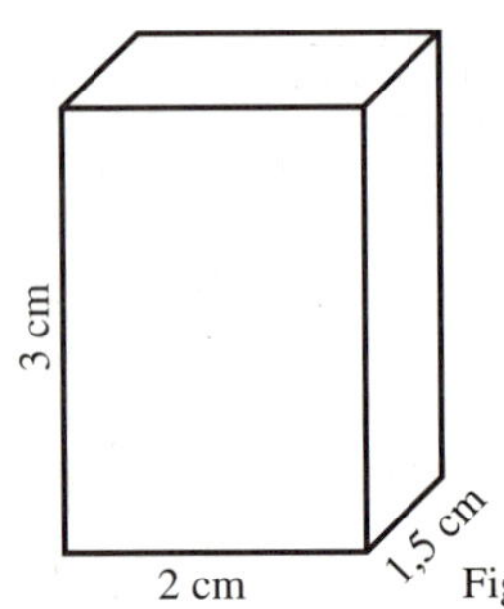

Fig. 7

Fig. 8

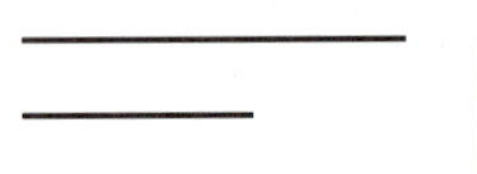

Fig. 9

5 *Schrägbilder zeichnen*

1 Vervollständige zu einem Schrägbild eines Würfels. a) Kantenlänge 1,5 cm
b) Kantenlänge 2 cm

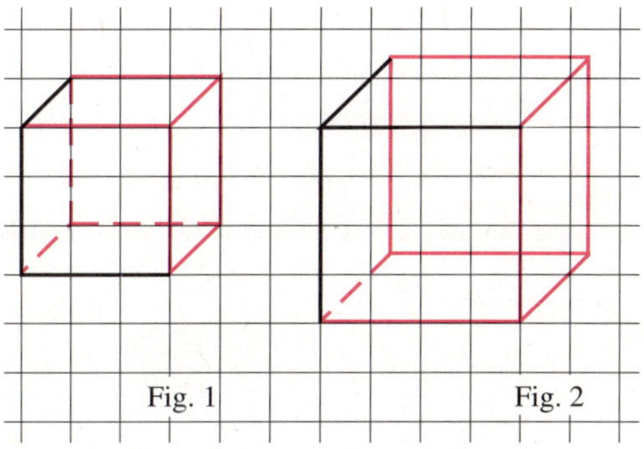
Fig. 1 Fig. 2

Schrägbild eines Würfels zeichnen

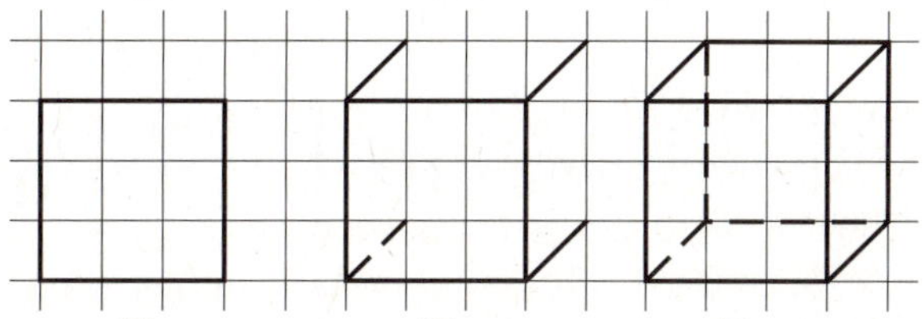

(1) Vorderfläche zeichnen.
(2) Kanten, die schräg nach hinten verlaufen, halbieren und zeichnen.
(3) Rückfläche zeichnen.

2 Vervollständige die Schrägbilder des Quaders mit den Kantenlängen 3 cm, 2 cm, 1 cm.

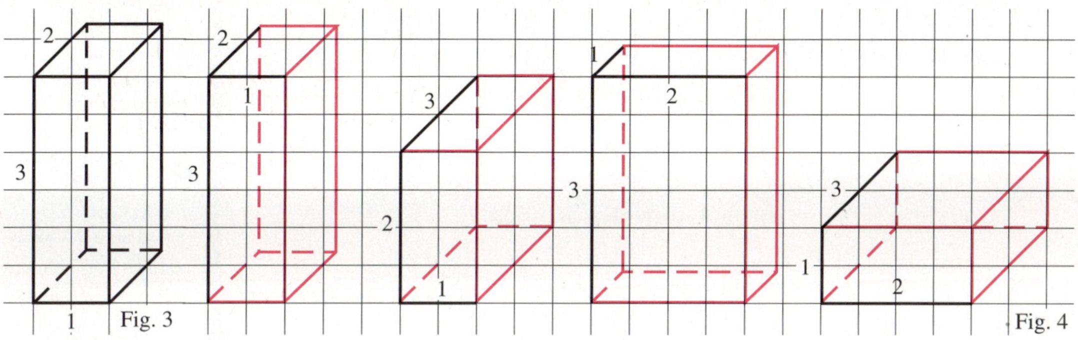

Fig. 3 Fig. 4

3 Zeichne das Schrägbild des Körpers noch einmal daneben.

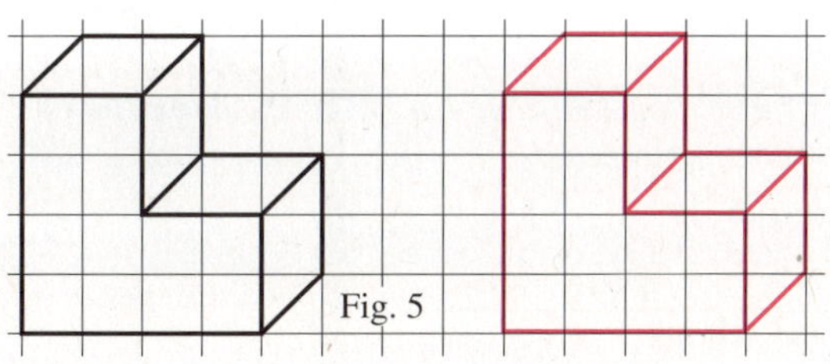
Fig. 5

4 Zeichne zwei verschiedene Schrägbilder eines Quaders mit den Kantenlängen 2 cm, 2 cm und 1 cm.

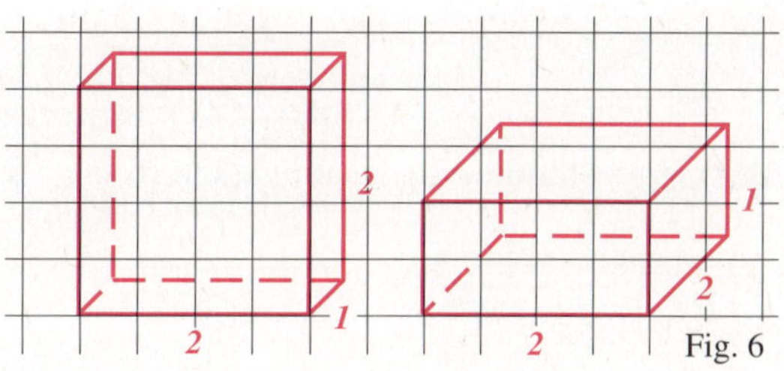

Fig. 6

1.1 a) Ergänze Fig. 7 im Heft zu einem Schrägbild eines Quaders.
b) Verfahre ebenso mit Fig. 8.
c) Welche Kantenlängen haben die Quader?

2.1 Zeichne das Schrägbild eines Würfels mit der Kantenlänge
a) 3 cm b) 4 cm.

2.2 Zeichne das Schrägbild eines Quaders mit den Kantenlängen
a) 4 cm, 3 cm, 2 cm b) 3 cm, 3 cm, 2 cm.

3.1 Zeichne die Schrägbilder der Körper in Fig. 9 und Fig. 10.

4.1 Zeichne verschiedene Schrägbilder eines quaderförmigen Bausteins mit den Kantenlängen 6 cm, 2 cm und 3 cm. Es soll jeweils eine andere Seitenfläche vorn liegen.

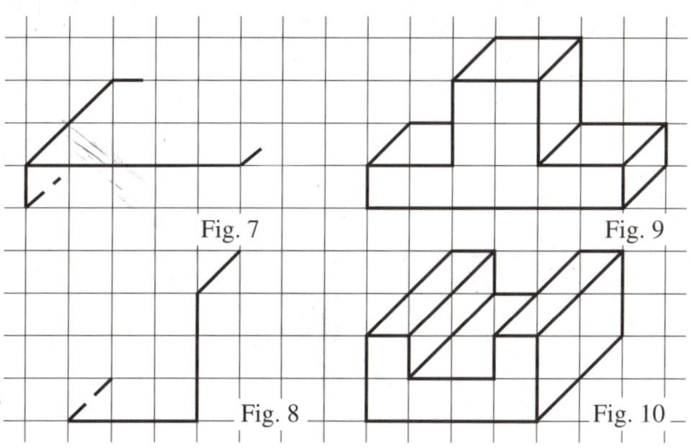
Fig. 7 Fig. 8 Fig. 9 Fig. 10

10 Größen

1 Längen

1 In welcher Längeneinheit wird gemessen?

a) Der Bauchumfang: *cm*

b) Entfernung von Städten: *km*

c) Höhe von Türmen: *m*

d) Dicke von Schrauben: *mm*

Längen

1 m z. B. Länge eines Tafellineals
1 dm z. B. Breite einer Hand
1 cm z. B. Breite des Füllers
1 mm z. B. Dicke eines Geo-Dreiecks

2

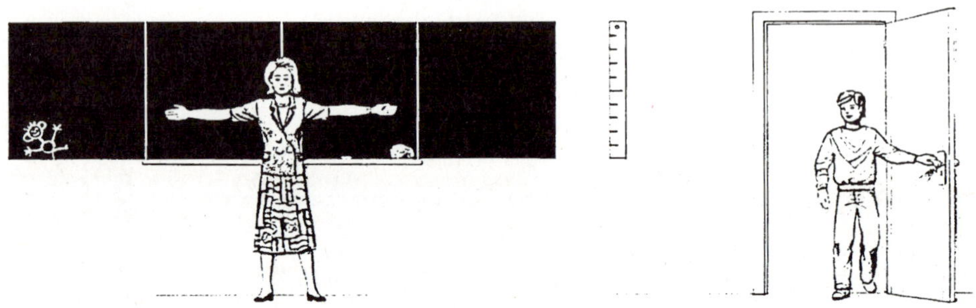

Schätze

a) die Höhe der Tafel: *1 m* b) die Höhe der Tür: *2 m*

c) die Breite der Tafel: *4 m* d) die Größe des Schülers: *1,5 m*

e) die Spannbreite der Lehrerin: *1,7 m* f) die Größe der Lehrerin: *1,7 m*

3 m
Maß-zahl ↗ ↖ Maß-einheit (Längen)

3 Kreise jeweils die richtige Angabe ein.

a) Höhe eines DIN-A4-Heftes: 20 cm, (30 cm,) 40 cm, 50 cm
b) Breite einer Postkarte: 5 cm, (10 cm,) 15 cm, 20 cm
c) Dicke der 2-€-Münze: 1 mm, (2 mm,) 3 mm, 4 mm
d) Länge des Zollstockes: 50 cm, 1 m, (2 m,) 5 m

2 mm; 10 cm; 30 cm; 1 m; 1,5 m; 1,7 m; 1,7 m; 2 m; 2 m; 4 m

✔ zu 2 und 3

4 Schätze die Länge der Gegenstände. Miss nach. Trage in die Tabelle ein.

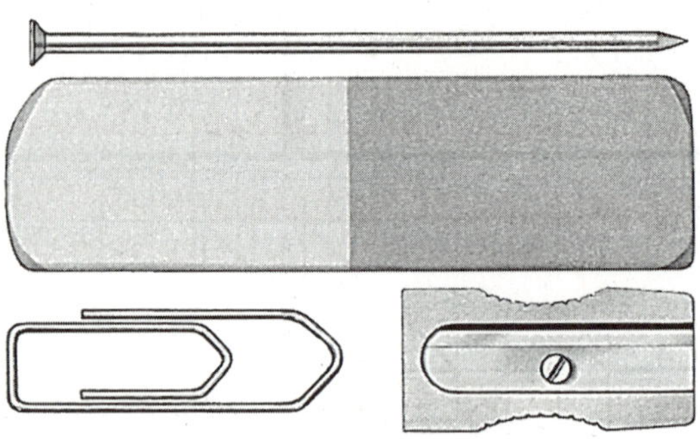

	geschätzt	gemessen
Anspitzer		*2,9 cm*
Büro-klammer		*3,3 cm*
Nagel		*6,5 cm*
Radier-gummi		*6,8 cm*

3.1 Notiere im Heft. Kreise jeweils die richtige Angabe ein.
a) 1 Runde im Stadion: 100 m, 400 m, 1 km
b) 2000 Pkw stehen im Stau hintereinander: 5 km, 20 km, 50 km
c) Fahrtstrecke mit dem Rad in 3 min: 1 km, 5 km, 10 km
d) Höhe eines Klassenzimmers: 2 m, 3 m, 4 m
e) Wanderstrecke in 12 min: 500 m, 1 km, 5 km

4.1 Schätze und miss nach.
a) Höhe einer Konservendose (800 g)
b) Länge und Breite eines Zeichenblocks
c) Höhe deines Schultisches
d) Dein Bauchumfang
e) Länge deines Zeigefingers

2 *Längen umrechnen*

1 Rechne um in die angegebene Einheit.

a) 8 m = *80* dm b) 7000 m = *7* km
c) 3 dm = *30* cm d) 80 mm = *8* cm
e) 7 cm = *70* mm f) 60 dm = *6* m
g) 9 km = *9000* m h) 40 cm = *4* dm

Längen umrechnen	12 m (in dm)	26 000 m (in km)
(1) **Nebenrechnung**		
– Grundbeziehung bestimmen	*1 m = 10 dm*	*1000 m = 1 km*
– Umrechnung bestimmen	*· 10*	*: 1000*
– ausrechnen	*12 · 10 = 120*	*26 000 : 1000 = 26*
(2) **Notieren**	12 m = 120 dm	26 000 m = 26 km

2 Rechne um in die nächstkleinere Einheit. Beispiel: 4 m = 40 dm

a) 43 m = *430 dm* b) 27 km = *27 000 m* c) 8 dm = *80 cm*
d) 17 cm = *170 mm* e) $\frac{1}{2}$ m = *5 dm* f) $\frac{1}{2}$ km = *500 m*

Grundbeziehungen
1 km = 1000 m
1 m = 10 dm
1 dm = 10 cm
1 cm = 10 mm

3 Rechne um in die nächstgrößere Einheit. Beispiel: 40 000 m = 40 km

a) 150 mm = *15 cm* b) 60 000 m = *60 km* c) 2800 cm = *280 dm*
d) 400 dm = *40 m* e) 100 000 m = *100 km* f) 1000 mm = *100 cm*

15 cm, 170 mm, 5 dm, 80 cm, 100 cm, 280 dm, 40 m, 430 dm, 500 m, 27000 m, 60 km, 100 km

1 m = 100 cm

✔ zu 2 und 3

4 Fülle die Tabelle wie im Beispiel aus.

a)

Länge	cm	mm	Länge
34 cm 6 mm	34	6	34,6 cm
5 cm 1 mm	*5*	*1*	*5,1* cm
4 mm	*0*	4	*0,4* cm
9 cm 8 mm	*9*	*8*	9,8 cm

b)

Länge	m	cm	Länge
7 m 65 cm	7	65	7,65 m
24 m 12 cm	*24*	*12*	*24,12* m
10 m 58 cm	10	58	*10,58* m
65 cm	*0*	*65*	0,65 m

1,0 m = 1000 mm
0,1 m = 100 mm
0,01 m = 10 mm
0,001 m = 1 mm

5 Schreibe mit Komma. a) 8 cm 6 mm = *8,6 cm* b) 12 km 950 m = *12,950 km*

6 Schreibe ohne Komma. a) 3,07 m = *307 cm* b) 7,059 km = *7059 m*

8,6 cm; 307 cm; 7059 m; 12,950 km

✔ zu 5 und 6

7 Ordne nach der Größe. a) 4 cm 6 mm, $4\frac{1}{2}$ cm, 44 mm b) 3 km 90 m, 3800 m, $3\frac{1}{2}$ km

zu a) *4 cm 6 mm > $4\frac{1}{2}$ cm > 44 mm* zu b) *3 km 90 m < $3\frac{1}{2}$ km < 3800 m*

2.1 Rechne um in die nächstkleinere Einheit.
a) 7 km b) 95 dm c) 28 m d) 12 cm
e) 25 cm f) $4\frac{1}{2}$ m g) $1\frac{1}{2}$ km h) 5 dm
i) $10\frac{1}{2}$ cm j) 10 m k) 20 km l) 200 dm

3.1 Rechne um in die nächstgrößere Einheit.
a) 200 mm b) 350 dm c) 400 cm d) 500 mm
e) 500 m f) 8000 cm g) 3500 m h) 50 cm

5.1 Schreibe mit Komma.
a) 9 m 5 dm b) 453 cm c) 1 km 55 m d) 36 cm
e) 18 cm 3 mm f) 358 mm g) 25 750 m h) 6700 m
i) 2 m 8 cm j) 4 dm 5 cm k) 3540 cm l) 10 m 10 cm

6.1 Schreibe ohne Komma.
a) 24,55 m b) 2,09 m c) 3,75 km d) 15,05 m
e) 38,3 cm f) 0,91 m g) 0,057 km h) 0,005 km

3 Gewichte

1 In welcher Einheit wird das Gewicht gemessen?

a) Lokomotive: *t* b) Biene: *mg*

c) Mensch: *kg* d) Brief: *g*

e) Mücke: *mg* f) Gans: *kg*

g) Apfel: *g* h) Bus: *t*

Gewichte

1 t z. B. ein Seelöwe

1 kg z. B. ein Hähnchen

1 g z. B. ein Marienkäfer

1 mg z. B. Samen eines Löwenzahns

2 Ordne richtig zu.

a)

Fliege	500 kg
Hase	5 g
Grizzly-Bär	5 t
Spitzmaus	5 kg
Elefant	5 mg

b)

Flußpferd	180 t
Schwein	2500 kg
Biene	300 g
Blauwal	75 mg
Taube	80 kg

mg heißt Milligramm

3 Bestimme die erforderliche Anzahl, um das gleiche Gewicht zu erreichen.

a) *36* Elefanten haben das gleiche Gewicht wie ein Blauwal.

b) *15* Fliegen haben das gleiche Gewicht wie eine Biene.

c) *16* Hasen haben das gleiche Gewicht wie ein Schwein.

d) *60* Spitzmäuse haben das gleiche Gewicht wie eine Taube.

5 kg
Maß-zahl ↗ ↖ Maß-einheit

4 Schätze und stelle dann das Gewicht folgender Gegenstände fest. Trage es in die Tabelle ein.

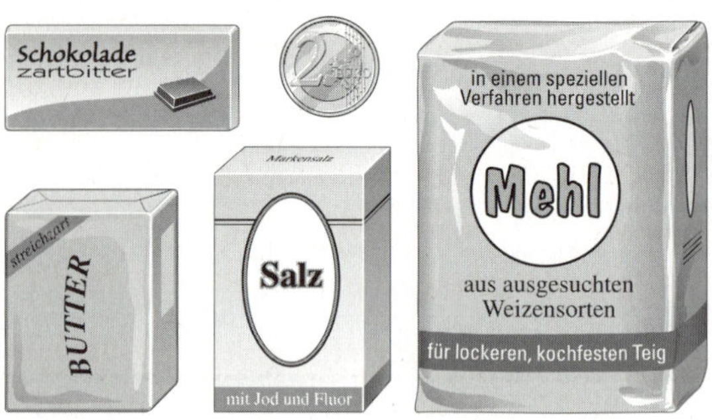

Gegenstand	Gewicht geschätzt	Gewicht gemessen
Tafel Schokolade		*100 g*
2-€-Münze		*8,5 g*
Päckchen Butter		*250 g*
Tüte Mehl		*1 kg*
Päckchen Salz		*500 g*

3.1 Wie viele Kinder mit einem Gewicht von je 50 kg sind erforderlich, um das Gewicht folgender Tiere zu erreichen?
a) ein Elefant mit 5000 kg b) eine Kuh mit 750 kg
c) ein Seelöwe mit 1000 kg d) ein Blauwal mit 180 000 kg
e) ein Grizzly mit 500 kg f) ein Flußpferd mit 2500 kg

4.1 Schätze zunächst und stelle dann das Gewicht folgender Gegenstände fest. a) eine Tüte Zucker
b) ein Becher Margarine c) eine Dose Pfirsiche
d) ein Päckchen Spaghetti e) eine Trommel Waschpulver
f) eine Flasche Milch g) eine kleine Dose Pilze

4 Gewichte umrechnen

1 Rechne um in die angegebene Einheit.

a) 18 t = *18 000* kg b) 8000 g = *8* kg
c) 7 kg = *7000* g d) 3000 mg = *3* g
e) 6 g = *6000* mg f) 9000 kg = *9* t
g) 30 kg = *30000* g h) 10 000 g = *10* kg

Gewichte umrechnen	15 000 mg (in g)	34 t (in kg)
(1) **Nebenrechnung** – Grundbeziehung bestimmen – Umrechnung bestimmen – ausrechnen	 *1000 mg = 1 g* *: 1000* *15 000 : 1000 = 15*	 *1 t = 1000 kg* *· 1000* *34 · 1000 = 34 000*
(2) **Notieren**	15 000 mg = 15 g	34 t = 34 000 kg

Grundbeziehungen
1 t = 1000 kg
1 kg = 1000 g
1 g = 1000 mg

2 Rechne um in die nächstkleinere Einheit. Beispiel: 3 kg = 3000 g

a) 62 g = *62 000 mg* b) 25 t = *25 000 kg* c) 14 kg = *14 000 g*
d) $1\frac{1}{2}$ t = *1500 kg* e) $2\frac{1}{2}$ kg = *2500 g* f) $\frac{1}{2}$ g = *500 mg*

3 Rechne um in die nächstgrößere Einheit. Beispiel: 7000 mg = 7 g

a) 2000 mg = *2 g* b) 20 000 g = *20 kg* c) 35 000 kg = *35 t*
d) 50 000 kg = *50 t* e) 160 000 g = *160 kg* f) 10 000 mg = *10 g*

500 mg; 2 g; 10 g; 62 000 mg; 2500 g; 14 000 g; 20 kg; 160 kg; 1500 kg; 25 000 kg; 35 t; 50 t

✔ zu 2 und 3

4 Fülle die Tabelle aus.

a)

Gewicht	kg	g	Gewicht
9 kg 150 g	*9*	*150*	9,150 kg
7 kg 356 g	7	356	*7,356 kg*
869 g	*0*	*869*	0,869 kg

b)

Gewicht	t	kg	Gewicht
2 t 980 kg	*2*	*980*	*2,980 t*
15 t 375 kg	*15*	*375*	15,375 t
7 t 905 kg	7	905	*7,905 t*

1,0 t = 1000 kg
0,1 t = 100 kg
0,01 t = 10 kg
0,001 t = 1 kg

5 Schreibe mit Komma.

a) 4575 g = *4,575 kg*
b) 6987 mg = *6,987 g*

6 Schreibe ohne Komma.

a) 24,394 kg = *24 394 g*
b) 0,472 g = *472 mg*

7 Ordne die Gewichte nach der Größe. Beginne mit dem kleinsten Gewicht.

a) $2\frac{1}{2}$ kg; 2400 g; 2 kg 600 g; 2,550 kg

2400 g < $2\frac{1}{2}$ kg < 2,550 kg < 2 kg 600 g

b) $\frac{1}{2}$ kg; 450 g; 0,6 kg; $\frac{3}{4}$ kg

450 g < $\frac{1}{2}$ kg < 0,6 kg < $\frac{3}{4}$ kg

2.1 Rechne um in die nächstkleinere Einheit.
a) 50 kg b) 8 t c) 30 g d) 3 kg
e) 3,4 t f) 67,5 kg g) 62,8 g h) 0,5 t

3.1 Rechne um in die nächstgrößere Einheit.
a) 5000 mg b) 37 000 g c) 250 000 kg d) 3000 mg
e) 100 000 kg f) 48 500 mg g) 34 850 mg h) 2500 kg

5.1 Schreibe mit Komma.
a) 15 g 45 mg b) 72 kg 963 g c) 15 t 74 kg
d) 346 g 9 mg e) 38 t 84 kg f) 95 kg 75 g

7.1 Ordne die Gewichte nach der Größe.
a) $4\frac{1}{2}$ t; 4453 kg; 4 t 600 kg b) 900 mg; 0,865 g; 1 g
c) 7,6 kg; 7 kg 598 g; 7700 g d) 5 g; 4900 mg; 5,1 g

5 *Zeitpunkte und Zeitspannen*

1 Ergänze die Tabelle.

Zeitpunkt Abflug	Zeitspanne Flugdauer	Zeitpunkt Landung
a) 9.00 Uhr	*3* h *45* min	12.45 Uhr
b) 12.00 Uhr	8 h 20 min	*20.20* Uhr
c) *15.15 Uhr*	6 h 30 min	21.45 Uhr

Zeitpunkte und Zeitspannen

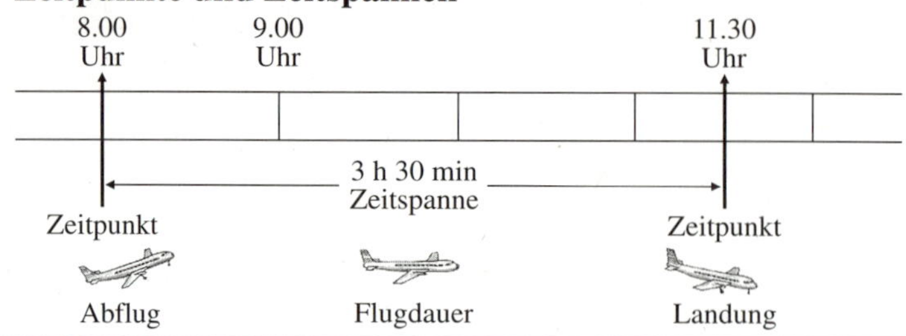

2 Ergänze die Tabelle.

Abflug	Flugdauer	Landung
a) 8.00 Uhr	*5* h *55* min	13.55 Uhr
b) 9.15 Uhr	7 h 25 min	*16.40* Uhr
c) 10.45 Uhr	*3* h *25* min	14.10 Uhr
d) *10.45* Uhr	6 h 20 min	17.05 Uhr

3 Ergänze die Tabelle.

Abfahrt	Fahrzeit	Ankunft
a) 6.42 Uhr	2 h 14 min	*8.56* Uhr
b) 8.38 Uhr	1 h 27 min	*10.05* Uhr
c) 9.16 Uhr	*4* h *49* min	14.05 Uhr
d) *12.04* Uhr	5 h 49 min	17.53 Uhr

Zeit**dauer** bedeutet Zeit**spanne**

4 Lies die Uhrzeit ab. Trage sie ein.

a) 

b) 

(*7.25* Uhr) (*19.25* Uhr) (*1.10* Uhr) (*13.10* Uhr)

5 Zeichne die Uhrzeit ein.

a) 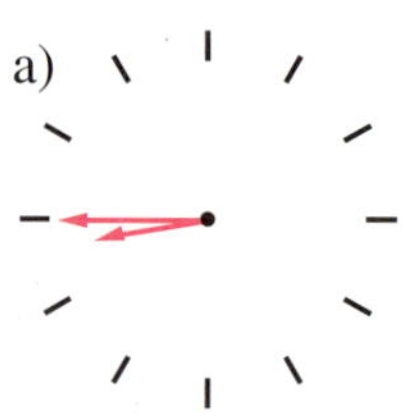

(20.45 Uhr)

b) 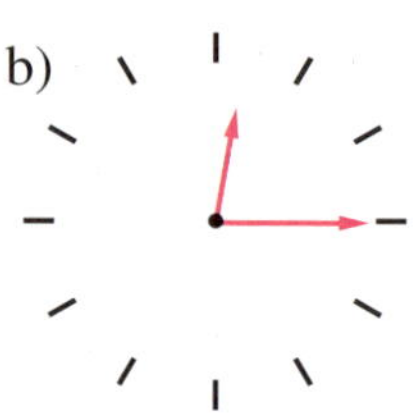

(0.15 Uhr)

zu Aufgabe 4 und 5

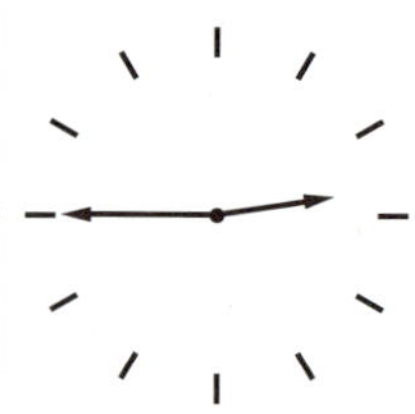

(2.45 Uhr) (14.45 Uhr)

6 Lies die Zeitspanne ab. Trage ein.

a) 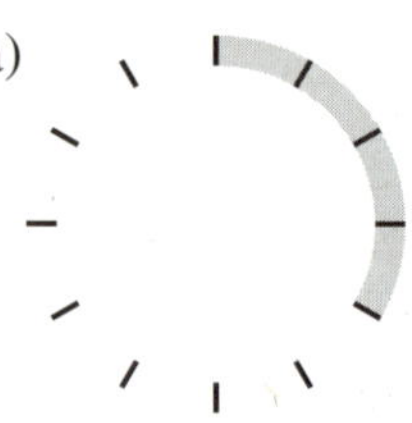

20 min

b) 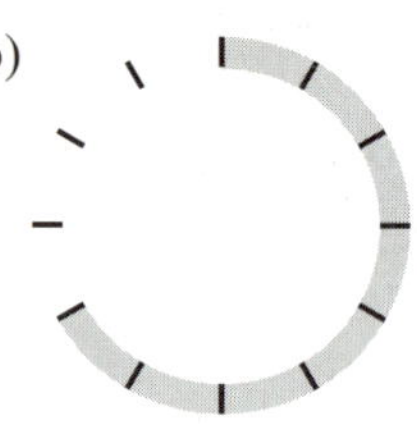

40 min

7 Zeichne die Zeitspanne ein.

a) 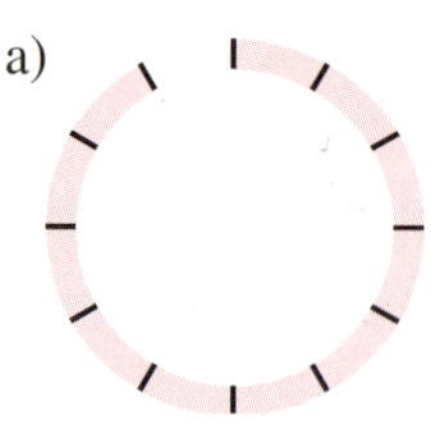

55 min

b) 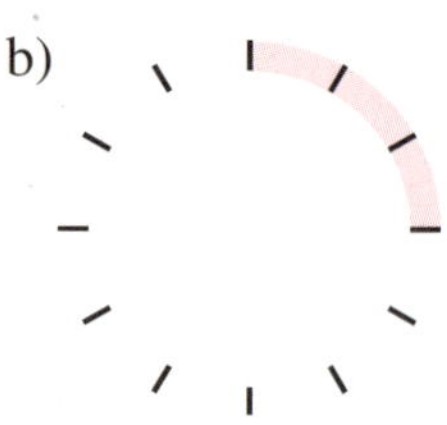

$\frac{1}{4}$ h

h Abkürzung für Stunde (engl. **h**our)

2.1 Übertrage die Tabelle in dein Heft. Ergänze sie.

Abflug	Flugdauer	Landung
a) 7.00 Uhr		13.45 Uhr
b) 8.30 Uhr		10.15 Uhr
c) 9.00 Uhr	4 h 35 min	
d) 9.15 Uhr	5 h 50 min	
e)	3 h 15 min	16.20 Uhr

5.1 Zeichne die Uhrzeiten wie in Aufgabe 5 ein.
a) 2.10 Uhr b) 6.30 Uhr c) 9.45 Uhr
d) 0.50 Uhr e) 15.25 Uhr f) 22.55 Uhr

8 Wie viele Stunden und Minuten sind seit 7.30 Uhr vergangen?
a) 15.53 Uhr b) 19.47 Uhr c) 13.25 Uhr
d) 11.13 Uhr e) 18.06 Uhr f) 23.22 Uhr

6 Zeitspannen umrechnen

1 Rechne um in die angegebene Einheit.

a) 4 min = *240* s b) 72 h = *3* d

c) 3 h = *180* min d) 480 min = *8* h

e) 5 d = *120* h f) 540 s = *9* min

g) 300 s = *5* min h) 7 d = *168* h

Zeitspannen umrechnen	3 h (in min)	240 s (in min)
(1) **Nebenrechnung**		
– Grundbeziehung bestimmen	*1 h = 60 min*	*60 s = 1 min*
– Umrechnung bestimmen	*· 60*	*: 60*
– ausrechnen	*3 · 60 = 180*	*240 : 60 = 4*
(2) **Notieren**	3 h = 180 min	240 s = 4 min

2 Rechne um in die nächstkleinere Einheit.

a) 7 h = *420 min* b) 20 d = *480 h* c) 6 min = *360 s*

d) $\frac{1}{2}$ h = *30 min* e) $1\frac{1}{2}$ min = *90 s* f) $\frac{1}{4}$ h = *15 min*

3; 5; 8; 9; 120; 168; 180; 240; 90 s; 360 s; 15 min; 30 min; 420 min; 480 h

3 Rechne um in die nächstgrößere Einheit.

a) 3000 min = *50 h* b) 96 h = *4 d* c) 600 s = *10 min*

d) 960 min = *16 h* e) 36 h = *$1\frac{1}{2}$ d* f) 210 s = *$3\frac{1}{2}$ min*

4 Rechne um in die angegebene Einheit.

a) $2\frac{1}{2}$ d = *60* h b) $4\frac{1}{2}$ h = *270* min c) $\frac{1}{2}$ min = *30* s

d) 3 d 14 h = *86* h e) 6 min 20 s = *380* s f) 9 h 14 min = *554* min

30; 60; 86; 270; 380; 554; $3\frac{1}{2}$ min; 10 min; 16 h; $1\frac{1}{2}$ d; 50 h; 4 d

5 Ordne die Zeitspannen nach der Größe. Beginne mit der kleinsten Zeitspanne.

a) $\frac{1}{2}$ d; 10 h; 900 min

10 h < $\frac{1}{2}$ d < 900 min

b) 8 min; $\frac{1}{4}$ h; 600 s

8 min < 600 s < $\frac{1}{4}$ h

c) 1 h 40 min; $1\frac{1}{2}$ h; 120 min

$1\frac{1}{2}$ h < 1 h 40 min < 120 min

d) 5 min 20 s; $5\frac{1}{2}$ min; 315 s

315 s < 5 min 20 s < $5\frac{1}{2}$ min

e) 2 h; 200 min; 8000 s

2 h < 8000 s < 200 min

f) $\frac{1}{2}$ h; 50 min; 500 s

500 s < $\frac{1}{2}$ h < 50 min

d Abkürzung für Tag (engl. **d**ay)

zu 1 und 2

Grundbeziehungen
1 d = 24 h
1 h = 60 min
1 min = 60 s

Abkürzungen
d Tag (**d**ay)
h Stunde (**h**our)
min Minute
s Sekunde

zu 3 und 4

1.1 Rechne um in die angegebene Einheit.
a) 14 d in h b) 11 h in min c) 25 min in s
d) 3 d 16 h in h e) 6 h 45 min in min f) 15 min 5 s in s

2.1 Rechne um in die nächstkleinere Einheit.
a) 7 h b) 13 d c) 30 min d) 12 h
e) 12 min f) 50 h g) 12 d h) 7 min
i) 11 h j) 100 min k) 3 d l) $\frac{1}{4}$ min

3.1 Rechne um in die nächstgrößere Einheit.
a) 480 h b) 3000 min c) 720 s d) 300 min
e) 4200 s f) 36 h g) 540 min h) 96 h
i) 600 min j) 30 s k) 12 h l) 240 min

5.1 Ordne die Zeitspannen nach der Größe.
a) 1 d; 25 h; 1800 min b) 1 h; 75 min; 3000 s
c) $2\frac{1}{2}$ min; 100 s; 2 min 50 s d) 50 min; $\frac{3}{4}$ h; 2000 s

11 Mit Größen rechnen

1 Größen addieren und subtrahieren

1 Berechne.

a) 9,8 kg + 749 g	b) 3 min – 20 s
(1) = *9800 g + 749 g*	= *180 s – 20 s*
(2) = *10 549 g*	= *160 s*
(3) = *10,549 kg*	= *2 min 40 s*

Größen addieren/subtrahieren	2,3 kg + 800 g	5 min – 76 s
(1) In die gleiche Einheit umrechnen	= 2300 g + 800 g	= 300 s – 76 s
(2) Addieren/subtrahieren	= 3100 g	= 224 s
(3) Umrechnen/notieren	= 3,1 kg	= 3 min 44 s

2

a) 6,43 € + 88 Ct	b) 20,92 m + 164 cm	c) 6 min + 247 s
(1) = *643 Ct+ 88 Ct*	= *2092 cm + 164 cm*	= *360 s + 247 s*
(2) = *731 Ct*	= *2256 cm*	= *607 s*
(3) = *7,31 €*	= *22,56 m*	= *10 min 7 s*

3

a) 34,25 m – 6,73 m	b) 65,04 € – 8,96 €	c) 10,3 km – 950 m
(1) = *3425 cm – 673 cm*	= *6504 Ct – 896 Ct*	= *10 300 m – 950 m*
(2) = *2752 cm*	= *5608 Ct*	= *9350 m*
(3) = *27,52 m*	= *56,08 €*	= *9,350 km*

4

a) 15,2 km – 2960 m	b) $2\frac{1}{2}$ kg + 670 g	c) $\frac{1}{2}$ min + 45 s
(1) = *15 200 m – 2960 m*	= *2500 g + 670 g*	= *30 s + 45 s*
(2) = *12 240 m*	= *3170 g*	= *75 s*
(3) = *12,240 km*	= *3,170 kg*	= *1 min 15 s*

5

a) 17,33 € + 4,88 €	b) 55,127 kg – 16,943 kg	c) 124,6 cm – 127 mm
(1) = *1733 Ct+ 488 Ct*	= *55 127 g – 16 943 g*	= *1246 mm – 127 mm*
(2) = *2221 Ct*	= *38 184 g*	= *1119 mm*
(3) = *22,21 €*	= *38,184 kg*	= *111,9 cm*

1 min 15 s; 2 min 40 s; 10 min 7 s; 3,170 kg; 10,549 kg; 38,184 kg; 7,31 €; 22,21 €; 56,08 €; 111,9 cm; 22,56 m; 27,52 m; 9,350 km; 12,240 km

Zuerst gleiche Einheit, dann rechnen.

1 € = 100 Ct

zu 3 c)

Beim schriftlichen Rechnen **stellengerecht** notieren!
10,3 km – 950 m
= 10300 m – 950 m

```
 10300
–  950
  9350
```

zu 1 bis 5

2.1 a) 10,8 t + 2700 kg b) 2,5 km + 4850 m
c) 16,3 m + 780 cm d) 2 h + 135 min
e) 3,2 km + 560 m f) 615 cm + 2,45 m
g) 47 Ct + 3,98 € h) 14,08 € + 0,95 €

3.1 a) 4 min – 85 s b) 8 € – 265 Ct
c) 23 t – 5800 kg d) 6 h 3 min – 84 min
e) 3,54 m – 278 cm f) 7,85 kg – 5967 g
g) 4,05 € – 79 Ct h) 2 d 10 h – 12 h

4.1 a) $2\frac{1}{2}$ kg + 3750 g b) $1\frac{1}{4}$ h + 50 min
c) $3\frac{1}{2}$ m + 295 cm d) $4\frac{1}{2}$ min + 73 s
e) $6\frac{1}{2}$ m – 386 cm f) $2\frac{1}{4}$ h – 42 min
g) $11\frac{1}{2}$ t – 9630 kg h) $8\frac{1}{4}$ kg – 5378 g
i) 4,5 kg – 3200 g j) 35 min – $\frac{1}{2}$ h
k) $5\frac{1}{2}$ kg + 2,5 kg l) $\frac{1}{4}$ h – 300 s

2 *Größen multiplizieren und dividieren*

Größen multiplizieren	8,5 kg · 6	**Größen dividieren** (verteilen)	2 kg : 4
(1) Umrechnen	= 8500 g · 6	(1) In kleinere Einheit umrechnen	= 2000 g : 4
(2) Ausrechnen	= 51000 g	(2) Ausrechnen	= 500 g
(3) Umrechnen	= 51 kg	(3) Umrechnen	= 0,5 kg

1 Berechne.

a) 300 g · 6 = *1800 g* 48 m · 3 = *144 m*

b) 50 Ct · 8 = *400 Ct* 73 t · 9 = *657 t*

c) 20 € : 5 = *4 €* 84 s : 3 = *28 s*

d) 12 h : 4 h = *3* 30 kg : 6 kg = *5*

2 a) 36 € · 7 = *252 €* b) 42 m · 6 = *252 m* c) 68 kg · 4 = *272 kg*

d) 296 kg : 8 = *37 kg* e) 1950 s : 30 s = *65* f) 11 t : 500 kg = *22*

3; 5; 22; 65; 28 s; 400 Ct; 4 €; 252 €; 1800 g; 37 kg; 272 kg; 657 t; 144 m; 252 m

✔ zu 1 und 2

3 a) 5,4 m · 4 b) 26,70 € · 3 c) 9,5 kg · 6

	a)	b)	c)
(1)	= 54 dm · 4	*= 2670 Ct · 3*	*= 9500 g · 6*
(2)	= 216 dm	*= 8010 Ct*	*= 57 000 g*
(3)	*= 21,6 m*	*= 80,10 €*	*= 57 kg*

Größen dividieren (aufteilen)
(1) In gleiche Einheiten umrechnen
(2) Ausrechnen und notieren

3 kg : 250 g
(1) = 3000 g : 250 g
(2) = 12

4 a) 2 € : 5 b) 5,1 km : 6 c) $1\frac{1}{2}$ h : 15 min

	a)	b)	c)
(1)	= 200 Ct : 5	*= 5100 m : 6*	*= 90 min : 15 min*
(2)	= 40 Ct	*= 850 m*	*= 6*
(3)	*= 0,40 €*	*= 0,850 km*	*= 6*

5 a) 9,20 € : 40 Ct b) 9 t : 600 kg c) 4 h : 3 min

	a)	b)	c)
(1)	= 920 Ct : 40 Ct	*= 9000 kg : 600 kg*	*= 240 min : 3 min*
(2)	*= 23*	*= 15*	*= 80*

d) 12,80 m : 80 cm e) $5\frac{1}{2}$ l : 250 ml f) 4900 kg : 700 g

	d)	e)	f)
(1)	*= 1280 cm : 80 cm*	*= 5500 ml : 250 ml*	*= 4 900 000 g : 700 g*
(2)	*= 16*	*= 22*	*= 7000*

6; 15; 16; 22; 23; 80; 7000; 0,40 €; 80,10 €; 21,6 m; 0,850 km; 57 kg

✔ zu 3 bis 5

3.1 a) 4,2 m · 6 b) 9,7 km · 8 c) 15,40 € · 3
d) 6,8 t · 7 e) 24,3 kg · 4 f) 2 min 20 s · 5
g) 34,5 km · 9 h) 46,70 € · 2 i) 700 s · 12

4.1 a) 10 € : 8 b) 6 h : 9 c) 30 t : 4
d) 20 min : 6 e) 1 km : 5 f) 4,2 kg : 3
g) 2,7 km : 9 h) 64,2 kg : 6 i) 34,4 km : 8

5.1 a) 4 h 10 min : 50 min b) 5 kg 400 g : 600 g
c) 38,50 € : 70 Ct d) 60 € : 80 Ct
e) 1 m 20 cm : 8 cm f) 1,4 t : 40 kg

•5.2 a) $1\frac{1}{2}$ d : 6 h b) $\frac{1}{4}$ h : 3 c) $5\frac{1}{2}$ min : 11
d) $3\frac{1}{2}$ m : 70 cm e) $6\frac{1}{2}$ cm : 5 f) $8\frac{1}{2}$ t : 500 kg
g) $1\frac{1}{2}$ m : 3 cm h) $\frac{1}{4}$ kg : 50 g i) $1\frac{1}{4}$ h : 5 min

3 Sachaufgaben mit Größen

1 Am Anfang des Jahres zeigte der Kilometerzähler 40 976,8 km und am Ende des Jahres 57 124,2 km an. Wie viele km ist Frau Blohm in diesem Jahr gefahren?

(1) *57 124,2 km – 40 976,8 km*

(2)

	5	7	1	2	4	2	0	0
–	*4*	*0*	*9*	*7*	*6*	*8*	*0*	*0*
		1	*1*	*1*	*1*			
	1	*6*	*1*	*4*	*7*	*4*	*0*	*0*

16 147 400 m = *16 147,400* km

Sachaufgaben lösen	Ein Teebeutel wiegt 2,5 g. Wie viel g wiegen 50 Beutel?
(1) Aufgabe notieren	2,5 g · 50
(2) Rechnen	= 125 g
(3) Überschlagen	2 g · 50 = 100 g
(4) Antwort notieren	50 Beutel wiegen 125 g.

(3) *57 000 km – 41 000 km = 16 000 km*

(4) Sie ist *16 147,4* km gefahren.

Bei einigen Sachaufgaben muss zuerst die **Frage** gestellt werden!

2

	IC	RE 3169
Bremen	16.15	17.48
Hannover	17.10	

a) Wie lange dauert die Fahrt mit dem IC von Bremen nach Hannover?
b) Der RE-Zug benötigt für die Fahrt 51 min mehr als der IC. Wann kommt er in Hannover an?

a)
(1) 16.15 bis 17.10
(2) *16.15 bis 17.10*
= 55 min
(3) 16.15 bis 17.15
= 1 h
(4) *Die Fahrt dauert 55 min*

b)
(1) 17.48 + 55 + 51
(2) 17.48 + 1h 46 min
= 19.34 Uhr
(3) 17.48 + 2 h
= 19.48
(4) Er kommt 19.34 Uhr an.

3 Eine Praline wiegt 15 g.
a) Welches Gewicht haben 18 Pralinen?
b) Es werden 360 g abgewogen. Wie viele Pralinen sind das?

a)
(1) 15 g · 18
(2) 15 g · 18
= 270 g
(3) 15 g · 20
= 300 g
(4) Sie wiegen 270 g.

b)
(1) 360 g : 15 g
(2) 360 : 15
= 24
(3) 400 : 20
= 20
(4) Es sind 24 Pralinen.

4 Ein Rundkurs beim Fahrradrennen ist 3,4 km lang.
a) Wie viel km sind nach 45 Runden gefahren?
b) Wie viele Runden müssen für eine Strecke von 221 km gefahren werden.

a)
(1) 3,4 km · 45
(2) 3,4 · 45
= 153
(3) 3 km · 50
= 150 km
(4) Es sind 153 km.

b)
(1) 221 km : 3,4 km
(2) 2210000 :
3400 = 65
(3) 210 : 3 = 70
(4) Es sind 65 Runden.

5 Ein Flugzeug startet um 8.39 Uhr.
a) Die Flugzeit beträgt 2 h 28 min. Wann landet das Flugzeug?
b) Das Flugzeug landet um 13.24 Uhr. Berechne die Flugzeit.

6 Wilfried hat 12 verschieden schwere Steine. Der leichteste Stein wiegt 700 g, die anderen sind jeweils um 100 g schwerer. Wie viel wiegen alle zusammen?

7 Eine Runde im Stadion ist 400 m lang. Klaus läuft $12\frac{1}{2}$ Runden. Wie viel m hat er zurückgelegt?

8 Eine Wurstfabrik stellt Würstchen mit 80 g Füllmasse her.
a) Wie viel kg wiegen 25 000 Würstchen?
b) Wie viele Würstchen können aus 600 kg Füllmasse hergestellt werden?

4 Jahrmarkt

1 Wurf: 30 Cent

4 Wurf: 1€

1 Fahrt: 1,50€
3 Fahrten: 4€

1 Los: 40 Cent
8 Lose: 3 €

1000 Punkte:
freie Auswahl

Pommes frites: 1,20€
Bratwurst: 1,80€
Majonäse: 0,30€
Saft: 0,80€

1 Petra wirft dreimal.
a) Wie viel € muss sie zahlen?
b) Wie viel € muss Jan für sechs Würfe zahlen?
c) Fülle die Tabelle aus.

a)
3 0 · 3 = *9 0*
Sie muss 90 Ct zahlen.

b)
1 € + 6 0 Ct = 1, 6 0 €
Er muss 1,60 € zahlen.

c) Würfe	1	2	3	4	5	6	7	8	9	10
günstigster Preis	*30 Ct*	*60 Ct*	*90 Ct*	*1 €*	*1,30 €*	*1,60 €*	*1,90 €*	*2 €*	*2,30 €*	*2,60 €*

2 Sven fährt zweimal Autoscooter.
a) Wie viel € muss er zahlen?
b) Was kosten 5 Fahrten?
c) Wie viele Fahrten kann man für 10 € machen?

a)
1 5 0 · 2
= 3 0 0
Er muss 3 € zahlen.

b)
4 € + 3 €
= 7 €
Sie kosten 7 €

c)
4 € + 4 €
+ 1, 5 0 €
= 9, 5 0 €
Man kann 7 Fahrten machen.

3 Sandra kauft 5 Lose.
a) Wie viel € muss sie zahlen?
b) Was kosten 10 Lose?
c) Wie viele Lose erhält man für 5 €?

a)
4 0 · 5 = 2 0 0
Sie muss 2 € zahlen.

b)
3 € + 8 0 Ct
= 3, 8 0 €
Sie kosten 3,80 €

c)
Für 3 € 8 Lose,
für 2 € 5 Lose,
für 5 € 13 Lose.

4 Anja isst eine Bratwurst und Pommes mit Majonäse.
a) Sie zahlt mit einem 10-€-Schein. Wie viel € erhält sie zurück?
b) Wie viel € erhält sie zurück, wenn sie auch noch einen Saft bestellt?

a)
1, 2 0 € + 1, 8 0 €
+ 0, 3 0 € = 3, 3 0 €
1 0, 0 0 € − 3, 3 0 €
= 6, 7 0 €
Sie erhält 6,70 € zurück.

b)
3, 3 0 € + 0, 8 0 €
= 4, 1 0 €
1 0, 0 0 € − 4, 1 0 €
= 5, 9 0 €
Sie erhält 5,90 € zurück.

DIPLOM

1	Rechne um. 4 min = *240* s 6 m = *600* cm	Rechne um. 2 d = *48* h 7 km = *7000* m	Rechne um. $2\frac{1}{2}$ kg = *2500* g 90 min = *$1\frac{1}{2}$* h
2	12 km + 980 m = *12 000 m + 980 m* = *12 980 m* = *12,980 km*	5 min 12 s – 127 s = *312 s – 127 s* = *185 s* = *3 min 5 s*	$8\frac{1}{2}$ kg – 4,785 kg = *8500 g – 4785 g* = *3715 g* = *3,715 kg*
3	846 Ct · 7 = *5922 Ct* = *59,22 €*	45 € 48 Ct · 3 = *4548 Ct · 3 = 13 644 Ct* = *136,44 €*	93,87 € · 74 = *9387 Ct · 74 = 694 638 Ct* = *6946,38 €*
4	4 m : 8 = *400 cm : 8* = *50 cm* = *0,5 m*	3 € : 4 = *300 Ct : 4* = *75 Ct* = *0,75 €*	$2\frac{1}{4}$ m : 9 = *225 cm : 9* = *25 cm* = *0,25 m*
5	2 km : 50 m = *2000 m : 50 m* = *40*	3,3 kg : 60 g = *3300 g : 60 g* = *55*	9 h : $\frac{3}{4}$ h = *540 min : 45 min* = *12*
6	Uta kauft ein Eis zu 80 Cent. Sie zahlt mit einer 2-€-Münze. Wie viel € erhält sie zurück? *200 – 80 = 120* *Sie erhält 1,20 € zurück.*	Timo kauft ein Heft für 65 Cent und Tintenpatronen für 2,49 €. a) Wie viel € muss er zahlen? b) Er zahlt mit einem 5-€-Schein. Wie viel erhält er zurück? *a) 249 + 65 = 314* *Er muss 3,14 € zahlen.* *b) 500 – 314 = 186* *Er erhält 1,86 € zurück.*	Gaby kauft 3 Dosen zu je 1,98 €. Sie zahlt mit einem 20-€-Schein. Wie viel € erhält sie zurück? *198 · 3 = 594* *2000 – 594 = 1406* *Sie erhält 14,06 € zurück.*
	Bronze:	Silber:	Gold:

12 Flächeninhalte

1 Flächeninhalte messen

1 Gib den Flächeninhalt in cm² an.

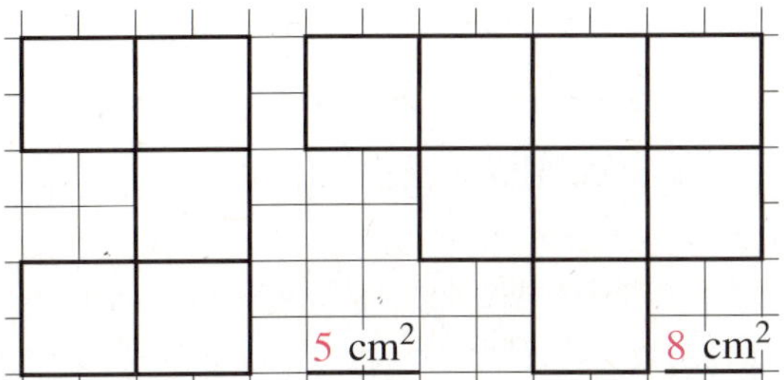

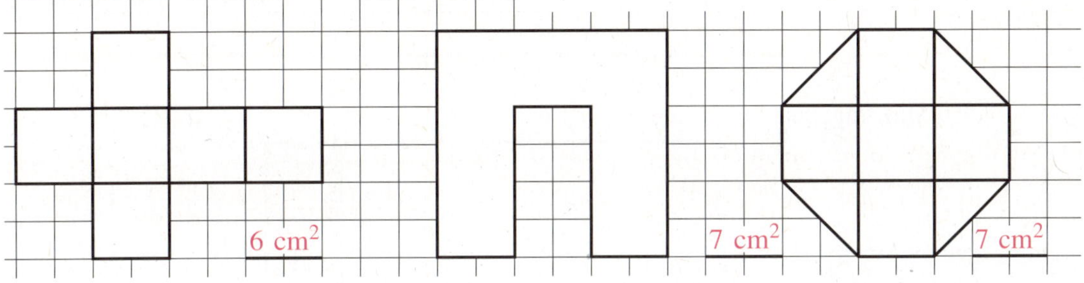

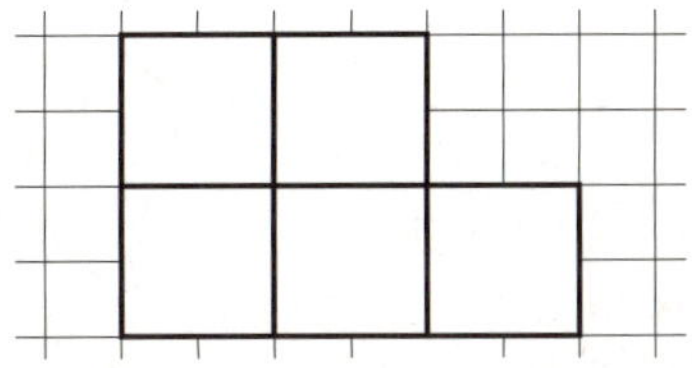

Flächeninhalt messen

Nebenrechnung

(1) Anzahl der Einheitsquadrate bestimmen	*5 Einheits-quadrate*
(2) Flächeninhalt notieren	5 cm²

Einheitsquadrat
Zentimeterquadrat

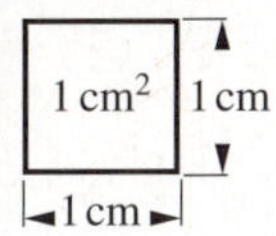

1 cm² sprich:
„ein Zentimeter hoch zwei“
oder
„ein Quadratzentimeter“

2 Vergleiche die Flächeninhalte der Figuren. Ergänze die Sätze.

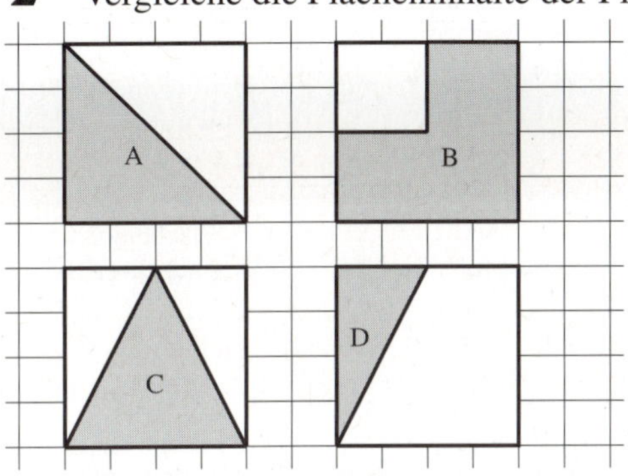

a) Die Fläche *B* hat den größten Flächeninhalt.

b) Die Fläche *A* hat den gleichen Flächeninhalt wie die Fläche *C*.

c) Der Flächeninhalt von *A(C)* ist doppelt so groß wie der Flächeninhalt von *D*.

3 Zeichne vier verschiedene Figuren mit folgenden Flächeninhalten:

a) 4 cm²

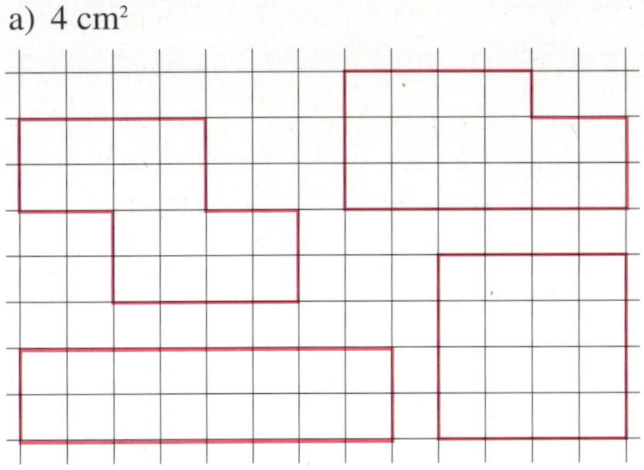

b) $3\frac{1}{2}$ cm².

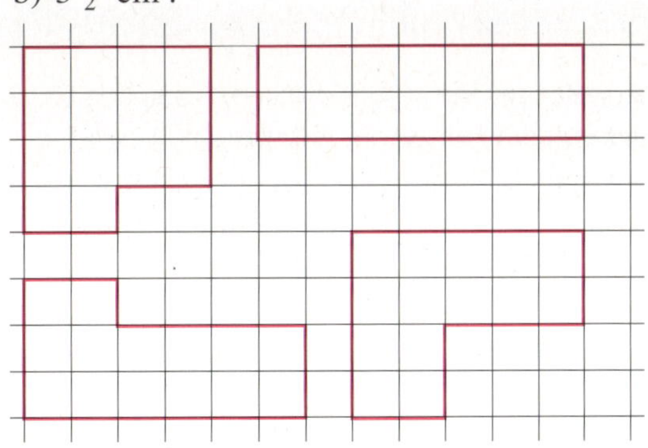

2.1 a) Welche Figur hat den größten (den kleinsten) Flächeninhalt?
b) Vergleiche die Flächeninhalte von A und B, B und E.
c) Vergleiche die Flächeninhalte von E und F, F und B.
d) Welche beiden Flächen haben zusammen den gleichen Flächeninhalt wie C?

3.1 Zeichne auf Karopapier Figuren mit einem Flächeninhalt von
a) 4 cm² b) 6 cm² c) 10 cm² d) 15 cm² e) 7 cm² f) 9 cm² g) $6\frac{1}{2}$ cm² h) $8\frac{1}{2}$ cm².

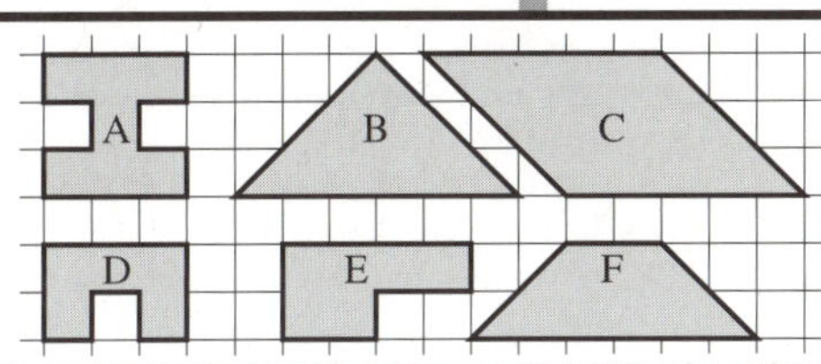

2 Flächeninhalte berechnen

1 Berechne den Flächeninhalt.

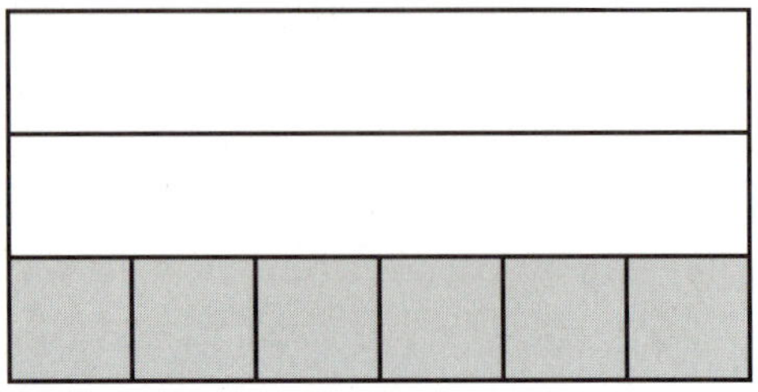

$6\ cm^2 \cdot \underline{3} = \underline{18\ cm^2}$

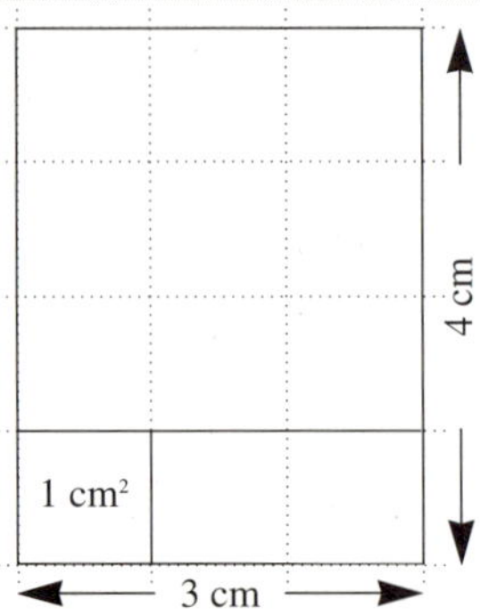

Flächeninhalt eines Rechtecks berechnen

(1) **Nebenrechnung**	
– Flächeninhalt eines Streifens	*3 cm²*
– Anzahl der Streifen	*4*
(2) **Notieren**	
– Flächeninhalt eines Streifens mal Anzahl der Streifen	$3\ cm^2 \cdot 4$
– Ergebnis	$= 12\ cm^2$

2 Fülle die Tabelle aus. Lies dazu die Angaben aus der Zeichnung ab.

a) 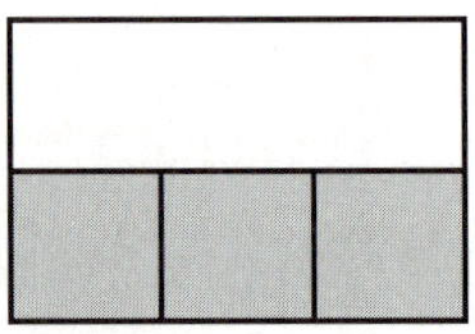

b) 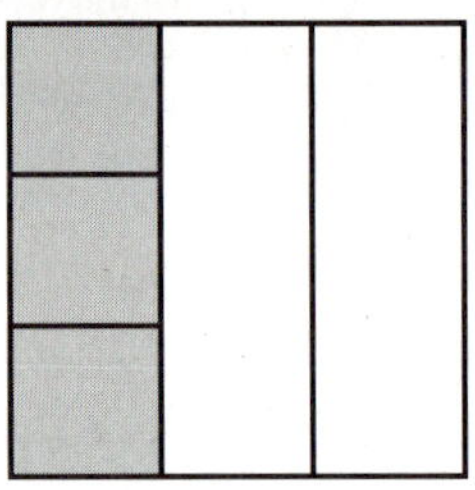

c) 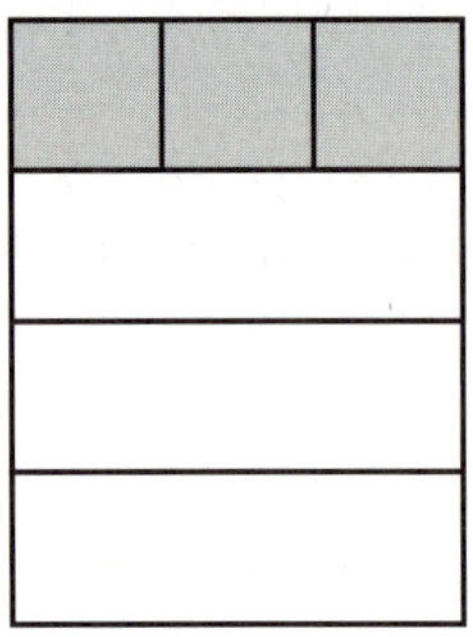

d) 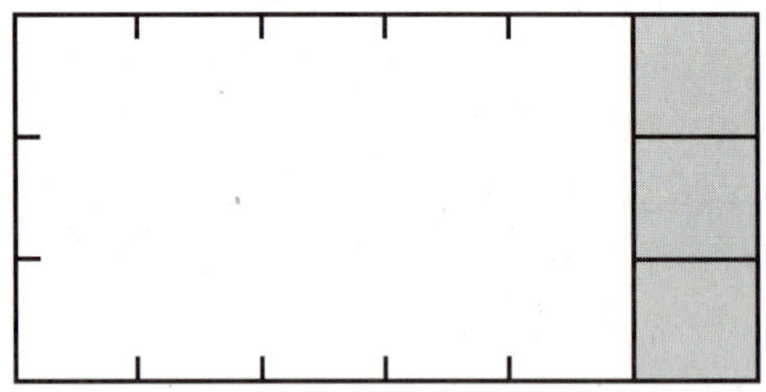

e) 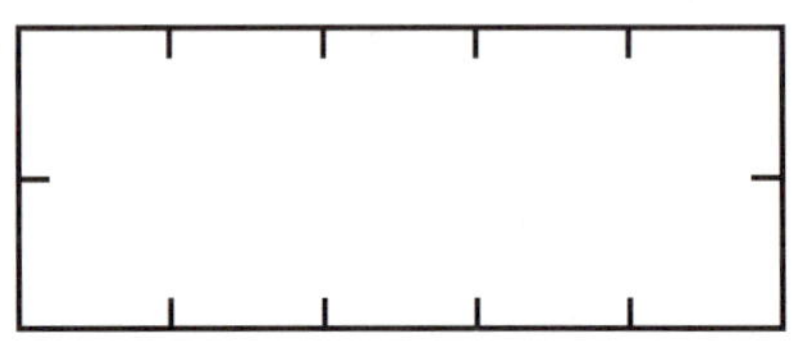

	Flächeninhalt eines Streifens	Anzahl der Streifen	Flächeninhalt des Rechtecks
a)	*3 cm²*	*2*	*6 cm²*
b)	*3 cm²*	*3*	*9 cm²*
c)	*3 cm²*	*4*	*12 cm²*

	Flächeninhalt eines Streifens	Anzahl der Streifen	Flächeninhalt des Rechtecks
d)	*3 cm²*	*6*	*18 cm²*
e)	*2 cm²*	*5*	*10 cm²*

3 Zeichne ein Rechteck mit der Länge 7 cm und der Breite 2 cm. Bestimme den Flächeninhalt A.

$A = \underline{7\ cm^2} \cdot \underline{2} = \underline{14\ cm^2}$

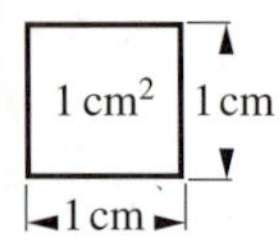

Der Flächeninhalt wird mit A bezeichnet.

Flächeninhalt eines Streifens

•

Anzahl der Streifen

=

Flächeninhalt A des Rechtecks

1.1 Berechne den Flächeninhalt der abgebildeten Rechtecke (Fig. 1 und 2).

3.1 Zeichne ein Rechteck mit der vorgegebenen Länge und Breite. Bestimme den Flächeninhalt wie in Aufgabe 2.

	a)	b)	c)	d)	e)
Länge:	8 cm	7 cm	11 cm	10 cm	7 cm
Breite:	10 cm	9 cm	5 cm	7 cm	6 cm

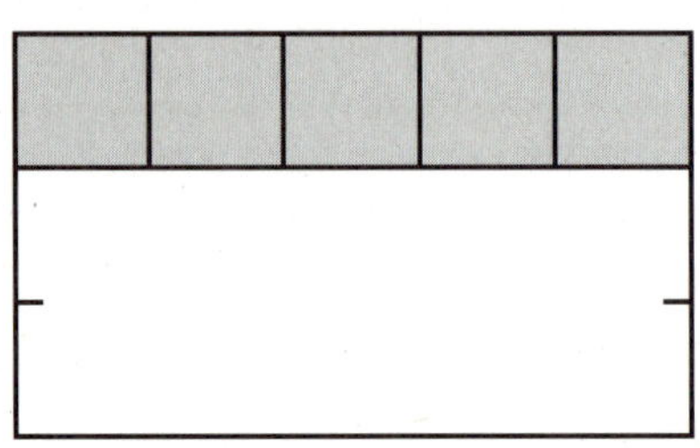

Fig. 1

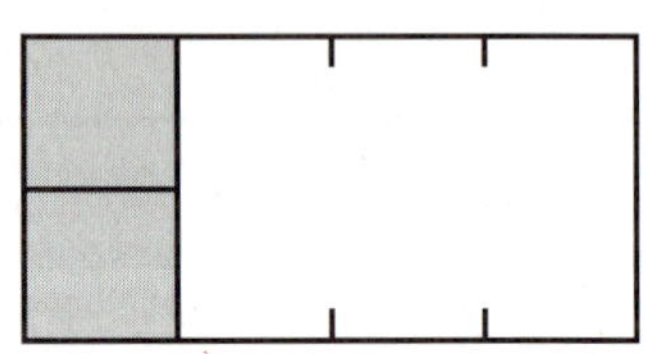

Fig. 2

3 Flächeninhalte umrechnen

1 Gib den Flächeninhalt in cm^2 und in mm^2 an.

a)

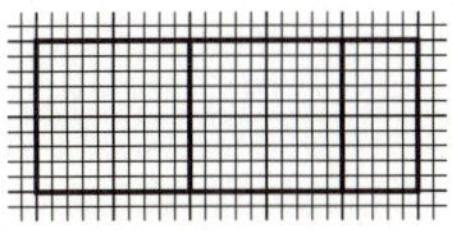

b)

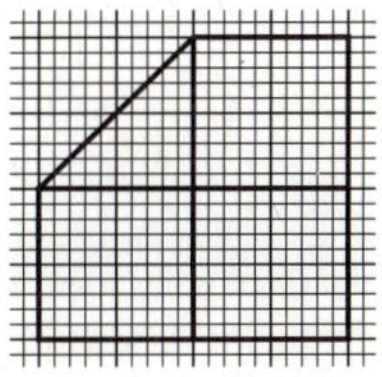

$2\frac{1}{2}$ cm^2 = *250* mm^2 *$3\frac{1}{2}$ cm^2 = 350 mm^2*

Flächeninhalte umrechnen	13 dm^2 (in cm^2)	5800 m^2 (in a)
(1) **Nebenrechnung**		
– Grundbeziehung bestimmen	*1 dm^2 = 100 cm^2*	*100 m^2 = 1 a*
– Umrechnung bestimmen	*· 100*	*: 100*
– ausrechnen	*13 · 100 = 1300*	*5800 : 100 = 58*
(2) **Notieren**	13 dm^2 = 1300 cm^2	5800 m^2 = 58 a

2 Schätze die Größe der Fläche. Streiche die falschen Angaben durch.

a) Postkarte	b) Teppich	c) Schulhof	d) Briefmarke
~~$1\frac{1}{2}$ m^2~~	6 m^2	~~4 km^2~~	~~100 mm^2~~
150 cm^2	~~6 a~~	400 m^2	10 cm^2
~~15 dm^2~~	~~60 cm^2~~	~~4000 dm^2~~	~~1 dm^2~~

3 Rechne um in die nächstkleinere Flächeneinheit. Beispiel: 8 $\frac{1}{2}$ cm^2 = 850 mm^2

a) 80 dm^2 = *8000 cm^2*   b) 14 cm^2 = *1400 mm^2*   c) 7 m^2 = *700 dm^2*

d) 400 a = *40 000 m^2*   e) 11 km^2 = *1100 ha*   f) 150 ha = *15 000 a*

4 Rechne um in die nächstgrößere Flächeneinheit. Beispiel: 750 m^2 = 7$\frac{1}{2}$ a

a) 400 m^2 = *4 a*   b) 1200 dm^2 = *12 m^2*   c) 700 cm^2 = *7 dm^2*

d) 5500 a = *55 ha*   e) 6200 mm^2 = *62 cm^2*   f) 350 m^2 = *$3\frac{1}{2}$ a*

5 Rechne um

a) in m^2	b) in cm^2	c) in mm^2.
1700 dm^2 = *17 m^2*	300 mm^2 = *3 cm^2*	7 cm^2 = *700 mm^2*
3,5 a = *350 m^2*	60 dm^2 = *6000 cm^2*	$\frac{1}{2}$ cm^2 = *50 mm^2*
6 a 50 m^2 = *650 m^2*	1100 mm^2 = *11 cm^2*	8,5 cm^2 = *850 mm^2*

6 Schreibe in zwei Einheiten. Beispiel: 4$\frac{1}{2}$ cm^2 = 4 cm^2 50 mm^2

a) 80$\frac{1}{2}$ m^2 = *80 m^2 50 dm^2*   b) 7,5 ha = *7 ha 50 a*   c) 2,5 cm^2 = *2 cm^2 50 mm^2*

d) 1,25 km^2 = *1 km^2 25 ha*   e) 10,5 m^2 = *10 m^2 50 dm^2*   f) 3$\frac{1}{4}$ a = *3 a 25 m^2*

g) 1,5 ha = *1 ha 50 a*   h) 0,5 dm^2 = *0 dm^2 50 cm^2*   i) 5$\frac{1}{2}$ dm^2 = *5 dm^2 50 cm^2*

Grundbeziehungen
1 km^2 = 100 ha (Hektar)
1 ha = 100 a (Ar)
1 a = 100 m^2
1 m^2 = 100 dm^2
1 dm^2 = 100 cm^2
1 cm^2 = 100 mm^2

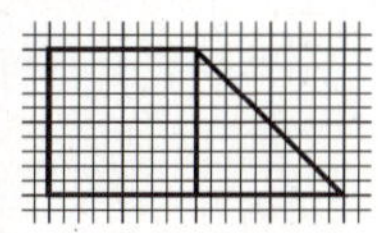

1$\frac{1}{2}$ cm^2 = 150 mm^2

2.1 Schätze die Größe folgender Flächen:
a) Buchseite: 600 cm^2; 6 m^2; 60 dm^2
b) Kinderzimmer: 1200 cm^2; 120 dm^2; 12 m^2
c) Fußballplatz: 600 m^2; 60 a; 6 ha

3.1 Rechne um in die nächstkleinere Flächeneinheit.
a) 19 a   b) 47 m^2 c) 120 ha   d) 22 dm^2 e) 4,5 cm^2

4.1 Rechne um in die nächstgrößere Flächeneinheit.
a) 700 m^2 b) 300 cm^2 c) 1000 dm^2 d) 7100 a
e) 3700 m^2 f) 700 ha   g) 10 000 m^2 h) 7500 dm^2

6.1 Schreibe in zwei Einheiten.
a) 1,5 ha   b) 5,5 m^2 c) 7$\frac{1}{2}$ dm^2 d) 12$\frac{1}{2}$ km^2
e) 20,5 m^2 f) 6$\frac{1}{2}$ a   g) 36,5 m^2 h) 38,5 km^2

4 *Flächeninhalte berechnen und Umfänge bestimmen*

1 Bestimme den Umfang.

a)
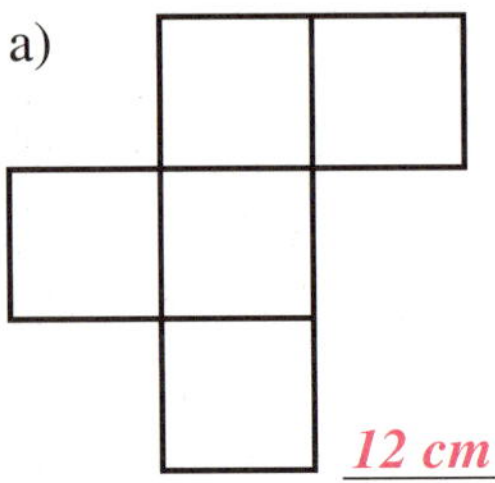
12 cm

b)
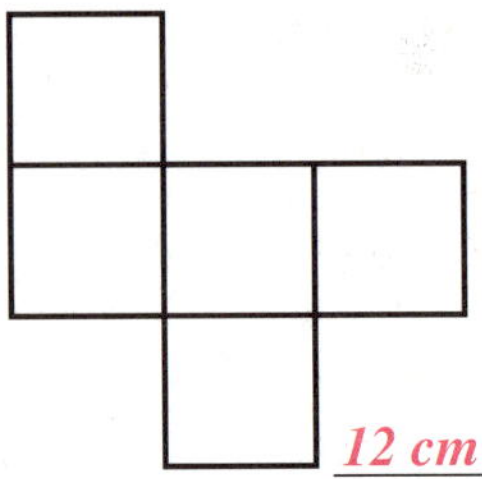
12 cm

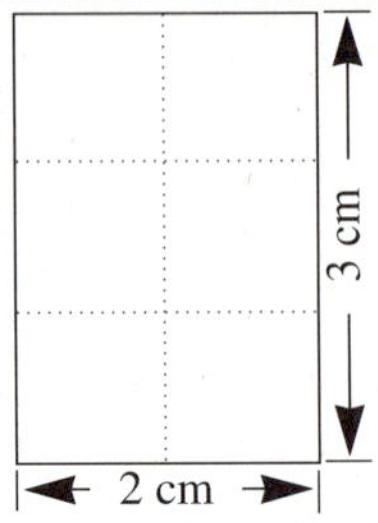

Flächeninhalt berechnen

2 cm² · 3 = 6 cm²

Umfang bestimmen

3 cm + 2 cm + 3 cm + 2 cm = 10 cm

2 Bestimme den Umfang und den Flächeninhalt.

a)
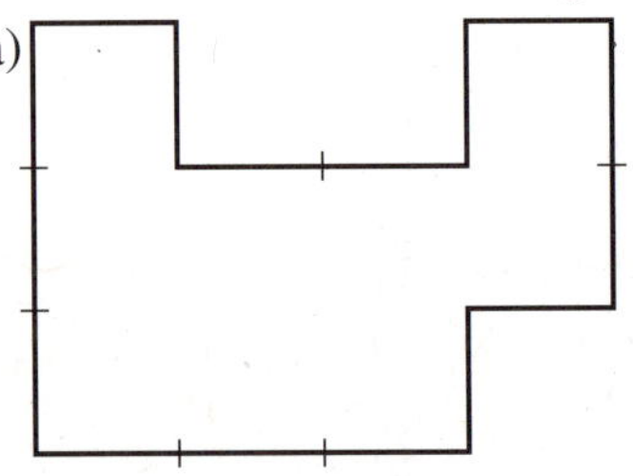

b)
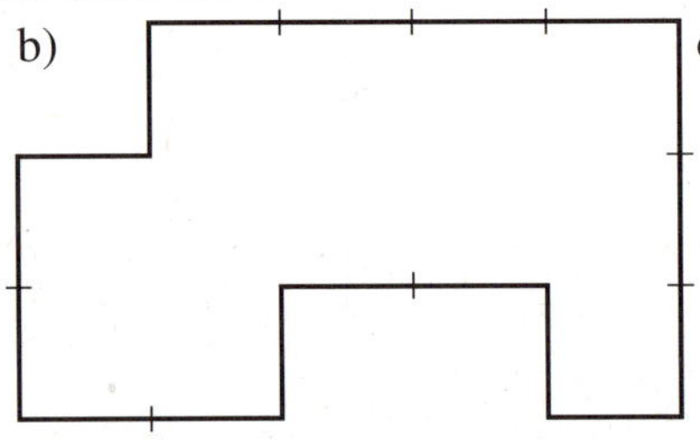

c)
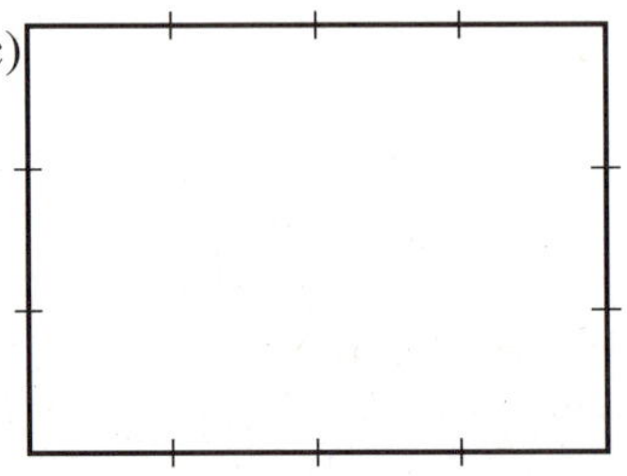

a)	b)	c)
Umfang = *16 cm*	Umfang = *18 cm*	Umfang = *14 cm*
Flächeninhalt = *9 cm²*	Flächeninhalt = *12 cm²*	Flächeninhalt = *12 cm²*

3 Bestimme für die Rechtecke jeweils den Flächeninhalt und den Umfang.

	a)	b)	c)	d)
Länge	2 cm	4 cm	30 cm	6 cm
Breite	5 cm	10 cm	80 cm	6 cm
Flächeninhalt	*10 cm²*	*40 cm²*	*2400 cm²*	*36 cm²*
Umfang	*14 cm*	*28 cm*	*220 cm*	*24 cm*

4 Berechne für die Rechtecke die fehlenden Größen.

	a)	b)	c)	d)
Länge	8 cm	4 cm	*4 cm*	30 mm
Breite	12 cm	*6 cm*	5 cm	25 mm
Flächeninhalt	*96 cm²*	*24 cm²*	20 cm²	*750 mm²*
Umfang	*40 cm*	20 cm	*18 cm*	*110 mm*

Umfang ist die Länge der Randlinie

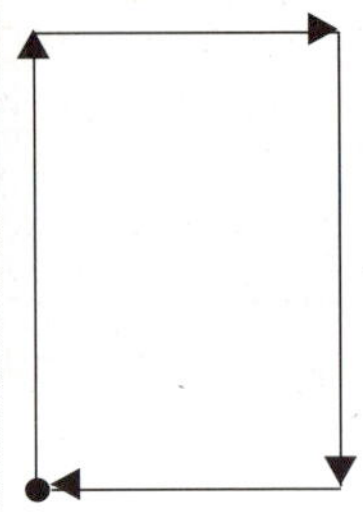

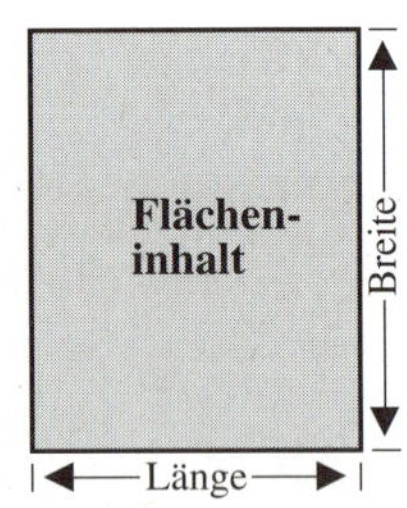

2.1 Bestimme den Umfang und den Flächeninhalt von A, B und C.

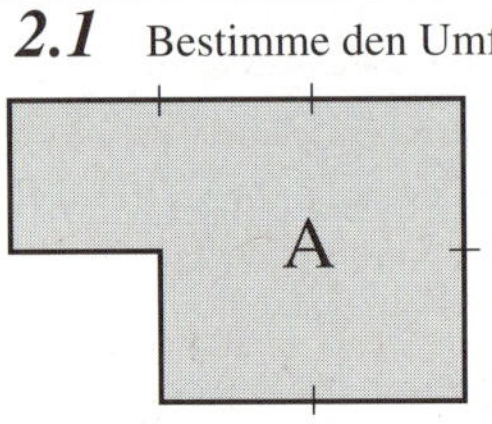

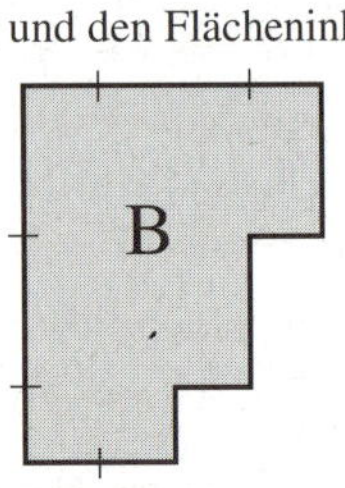

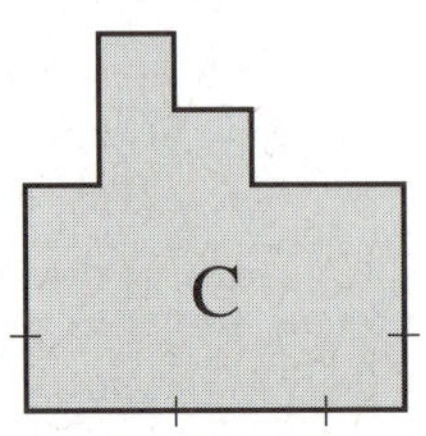

3.1 Bestimme den Umfang und den Flächeninhalt der Rechtecke

Rechtecke	a)	b)	c)	d)	e)	f)
Länge:	3 cm	8 cm	20 m	7 m	100 m	$\frac{1}{2}$ m
Breite:	7 cm	5 cm	30 m	4 m	60 m	30 cm

4.1 Berechne für folgende Rechtecke die fehlenden Größen.

a) Länge = 8 cm; Umfang = 30 cm
b) Länge = 6 cm; Flächeninhalt = 48 cm²
c) Breite = 20 mm ; Umfang = 110 mm

5 *Sachaufgaben*

Skizze:

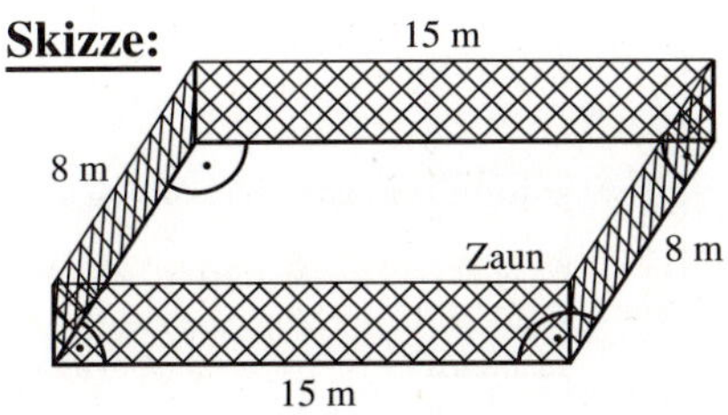

Sachaufgaben lösen	Ein rechteckiger Hundezwinger ist 15 m lang und 8 m breit. Wie viel m Zaun sind notwendig?
(1) Aufgabe notieren	8 m + 15 m + 8 m + 15 m
(2) Rechnen	= 46 m
(3) Überschlagen	$4 \cdot 10$ m = 40 m
(4) Antwort notieren	Es sind 46 m Zaun notwendig.

1 Eine rechteckige Fichtenschonung ist 400 m lang und 250 m breit. Sie soll mit einem Zaun gegen Wildverbiss geschützt werden.
a) Wie groß ist die Fläche der Schonung?
b) Wie lang ist der Zaun um die Schonung?

Skizze: *Schonung*, *400 m*, *250 m*, *Zaun*

(1) a) *400 m² · 250*
b) *400 m + 400 m*
+ 250 m + 250 m

(2) a) *400 m² · 250 =*
100000 m² = 1000 a
= 10 ha
b) *400 + 400*
+ 250 + 250 = 1300

(3) a) *400 · 300 = 120000*
120000 m² = 12 ha
b) *800 m + 600 m = 1400 m*

(4) a) *Die Fläche ist 10 ha groß.*
b) *Der Zaun ist 1300 m lang.*

2 Eine rechteckige Terrasse (3,50 m lang und 6 m breit) wird mit quadratischen Platten der Seitenlängen 50 cm ausgelegt.
a) Wie groß ist die Fläche der Terrasse?
b) Wie viele Platten werden benötigt?

Skizze: *3,5 m*, *6 m*

(1) a) *60 dm² · 35*
b) *12 · 7*

(2) a) *60 · 35 = 2100 dm²*
180 = 21 m²
300
2100
b) *12 · 7 = 84*

(3) a) *60 · 40 = 2400 dm²*
= 24 m²
b) *10 · 10 = 100 Platten*

(4) a) *Die Terrasse ist 21 m² groß.*
b) *Es werden 84 Platten benötigt.*

Skizzen können helfen!

3 In einem Zimmer (4,50 m breit und 5,00 m lang) soll die Fußleiste erneuert werden. Die Tür ist 1,10 m breit. Wie lang ist die Fußleiste?

4 Ein rechteckiges Getreidefeld ist 230 m lang und 120 m breit. Welchen Flächeninhalt hat das Getreidefeld?

5 Ein Schulgebäude hat 6 Klassenräume, die 11 m lang und 8 m breit sind. Der Flur ist 97 m² groß. Welche Gesamtfläche hat das Schulgebäude?

6 Ein rechteckiges Baugrundstück (36 m lang und 22 m breit) soll für 150 € pro m² verkauft werden. Wie teuer ist das Grundstück?

7 Ein Autobahnteilstück von 12,3 km Länge wird neu eröffnet. Die Breite beträgt 36 m. Wie groß ist die Fläche des Teilstücks?

8 Ein Campingplatz (Größe 12 a 40 m²) soll um 80 rechteckige Stellplätze von je 8 m · 6 m vergrößert werden. Wie groß ist der Campingplatz nach der Vergrößerung?

DIPLOM

1

Bestimme den Flächeninhalt und den Umfang.

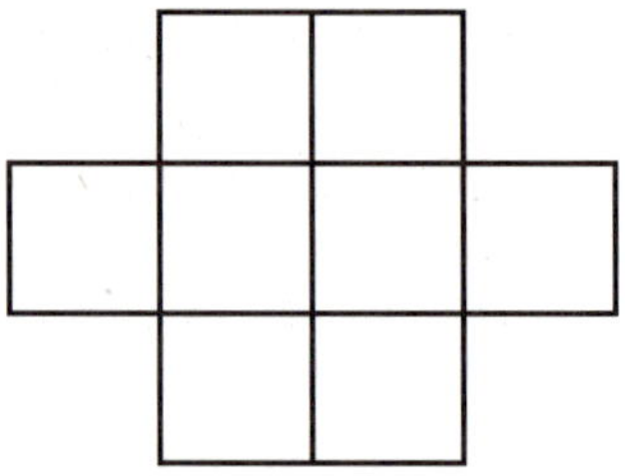

Flächeninhalt: *8 cm²*

Umfang: *14 cm*

Bestimme den Flächeninhalt und den Umfang.

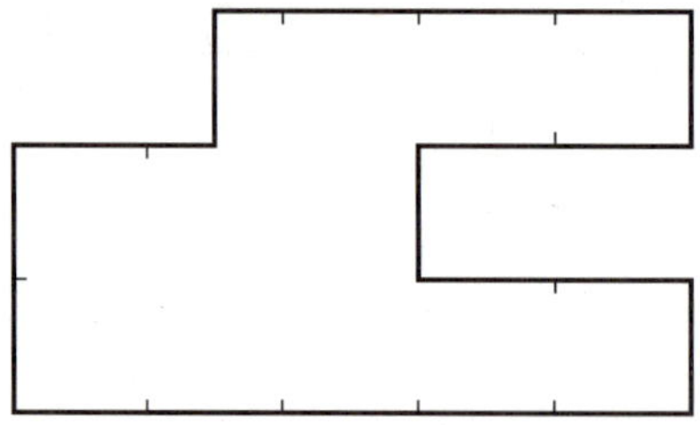

Flächeninhalt: *$11\frac{1}{2}$ cm²*

Umfang: *20 cm*

Bestimme den Flächeninhalt und den Umfang.

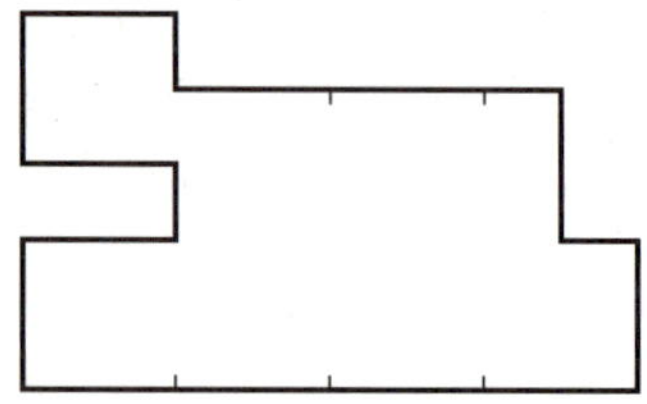

Flächeninhalt: *$7\frac{1}{2}$ cm²*

Umfang: *15 cm*

2

Berechne den Flächeninhalt.

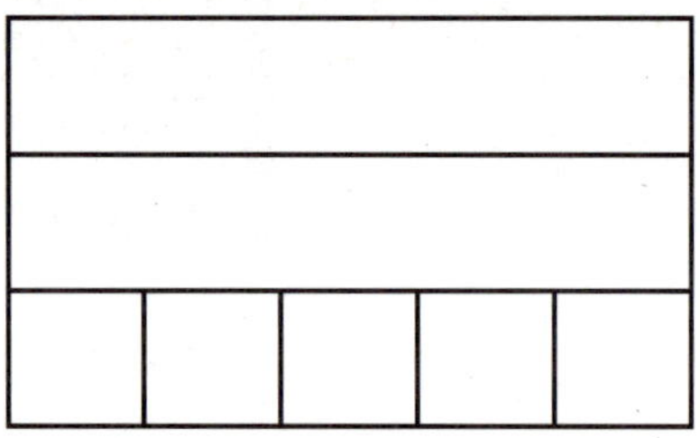

Flächeninhalt eines Streifens	Anzahl der Streifen	Flächeninhalt
5 cm²	*3*	*15 cm²*

Berechne den Flächeninhalt.

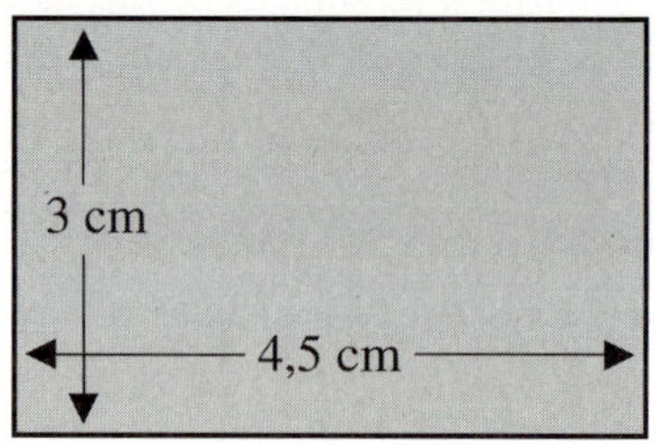

3 cm² · 4,5 = 13,5 cm²

Berechne den Flächeninhalt.

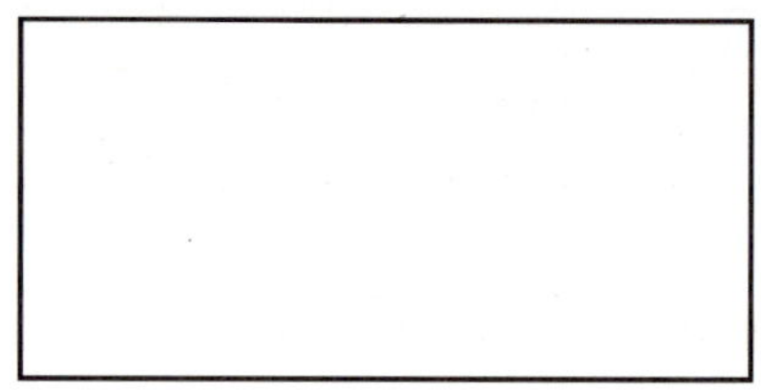

5 cm² · 2,5 = 12,5 cm²

3

Berechne für ein Rechteck den Flächeninhalt und den Umfang.
Gegeben: Länge 7 cm; Breite 3 cm.

Flächeninhalt: *21 cm²*

Umfang: *20 cm*

Berechne für ein Rechteck die Breite und den Umfang.
Gegeben: Länge 5 cm; Flächeninhalt 20 cm².

Breite: *4 cm*

Umfang: *18 cm*

Berechne für ein Rechteck die Breite und den Flächeninhalt.
Gegeben: Länge 4,5 cm; Umfang 21 cm.

Breite: *6 cm*

Flächeninhalt: *27 cm²*

4

Rechne um:

300 cm² = *3* dm²

2 ha = *200* a

Rechne um:

5000 m² = *50* a

70 cm² = *7000* mm²

Rechne um:

$1\frac{1}{2}$ ha = *150* a

850 mm² = *8,5* cm²

5

Ein Bild (30 x 40 cm) wird mit einem Rahmen eingefasst. Wie lang ist der gesamte Rahmen?

Der Rahmen ist 140 cm lang.

Ein Teppichboden (4 m x 4,50 m) wird verlegt. 1 m² kostet 34 €. Wie viel € kostet der Teppich?

18 m² kosten 612 €

Wie ändert sich der Flächeninhalt eines Rechtecks, wenn man sowohl Länge als auch Breite verdoppelt?

Er wird viermal so groß.

Bronze:

Silber:

Gold:

13 Rauminhalte

1 Rauminhalte bestimmen

1 Bestimme den Rauminhalt.

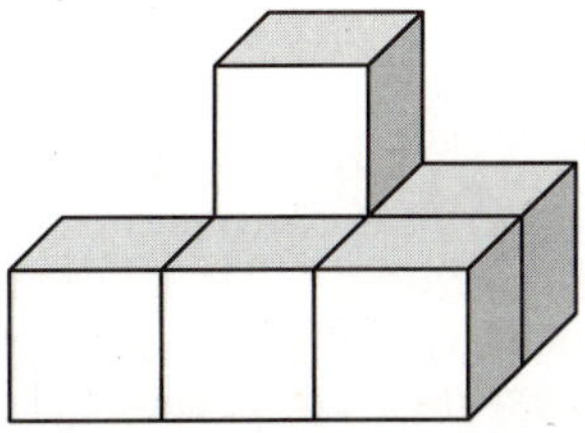

6 cm³

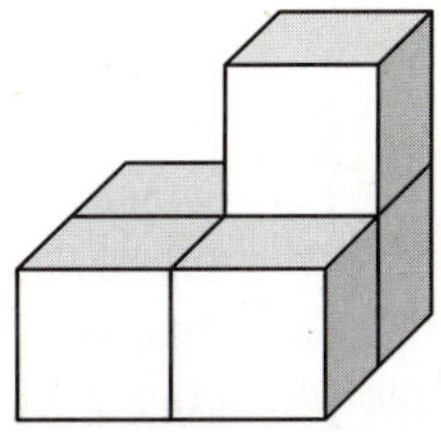

Rauminhalt bestimmen

Nebenrechnung	
(1) Anzahl der Einheitswürfel bestimmen	*5 Einheitswürfel*
(2) Rauminhalt notieren	5 cm³

2 a) Schreibe den Rauminhalt der Körper in cm³ auf.

A

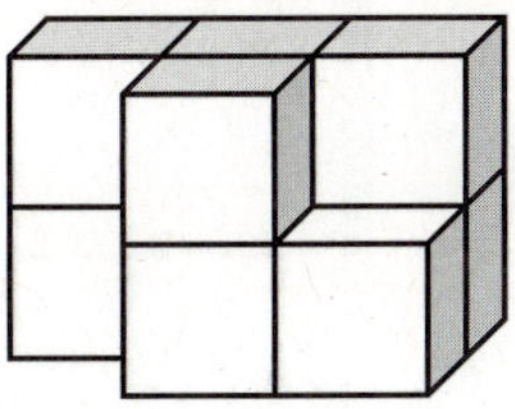

9 cm³

B

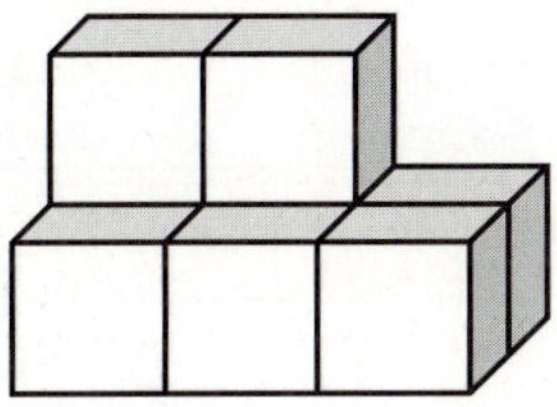

8 cm³

C

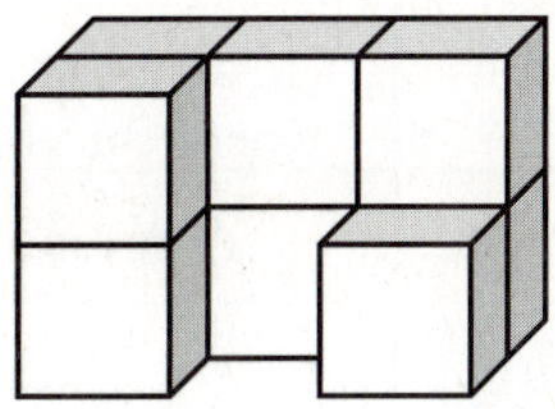

9 cm³

b) Vergleiche die Rauminhalte. Setze die entsprechenden Buchstaben ein.

Körper *B* hat den kleinsten Rauminhalt.

Körper *A* und Körper *C* haben einen gleich großen Rauminhalt.

c) Ergänze die Körper A bis C jeweils zum nächstgrößeren Quader.
Schreibe die fehlenden cm³ auf.

A: Es fehlen *3* cm³ B: Es fehlen *4 cm³* C: Es fehlen *3 cm³*

3 a) Die Wassermenge im Eimer wird auf Flaschen verteilt. Wie viele Flaschen werden gefüllt? Schätze. Kreuze an.

b) Die Wassermenge im Eimer wird auf Gläser verteilt. Wie viele Gläser werden gefüllt? Schätze. Kreuze an.

2 Flaschen ☐
10 Flaschen ☒
20 Flaschen ☐

20 Gläser ☐
50 Gläser ☒
100 Gläser ☐

Einheitswürfel
Zentimeterwürfel

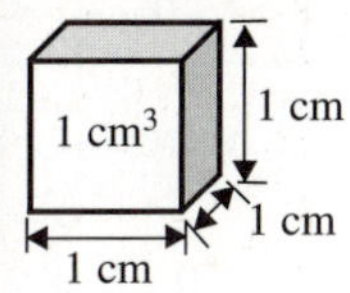

1 cm³ sprich: „ein Zentimeter hoch drei" oder „ein Kubikzentimeter"

Quader

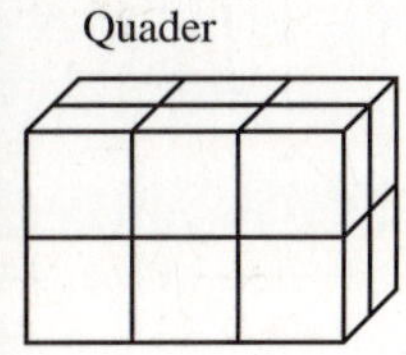

2.1 Die Körper A, B und C sind aus Zentimeterwürfeln gebaut.
a) Schreibe die Rauminhalte auf.
b) Vergleiche die Rauminhalte.
c) Wie viele cm³ fehlen jeweils, wenn aus jedem Körper der nächstgrößere Quader gebaut werden soll?

A

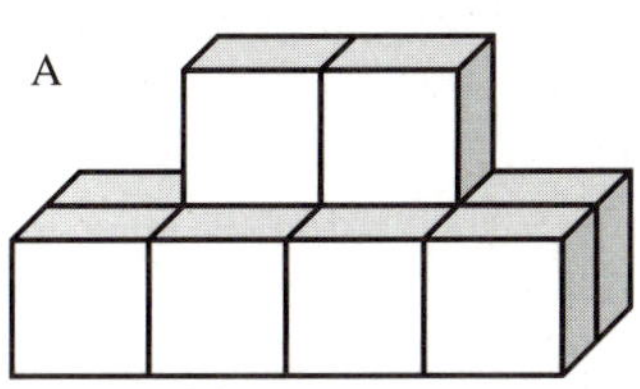

B

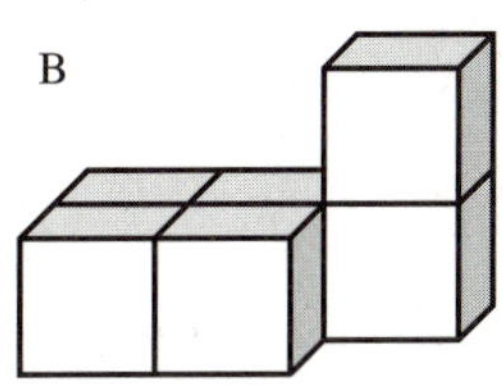

C

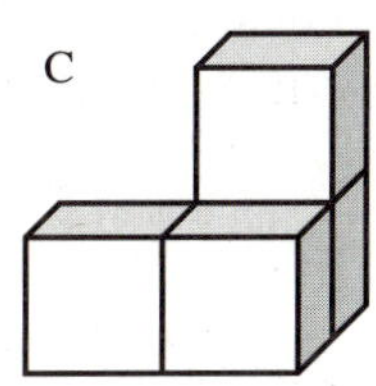

2 Rauminhalte berechnen

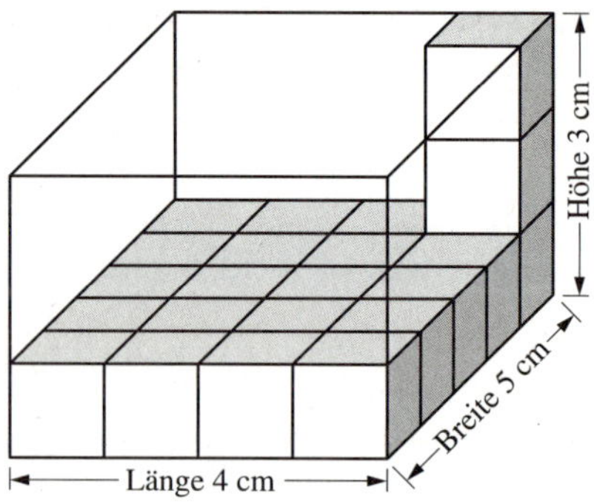

Rauminhalt eines Quaders berechnen

(1) **Nebenrechnung**	
– Rauminhalt einer Schicht	*20 cm³*
– Anzahl der Schichten	*3*
(2) **Notieren**	
– Rauminhalt einer Schicht mal Anzahl der Schichten	20 cm³ · 3
– Ergebnis	= 60 cm³

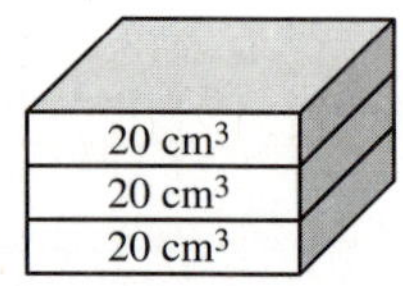

Drei Schichten zu je 20 cm³

1 Berechne den Rauminhalt des Quaders.

	Länge	Breite	Höhe	Rauminhalt einer Schicht	Anzahl der Schichten	Rauminhalt des Quaders
a)	3 cm	6 cm	5 cm	18 cm³	5	*90* cm³
b)	8 dm	4 dm	10 dm	*32 dm³*	*10*	*320 dm³*
c)	15 mm	6 mm	8 mm	*90 mm³*	*8*	*720 mm³*
d)	3 m	3 m	3 m	*9 m³*	*3*	*27 m³*

2 Berechne den Rauminhalt V des Quaders.

Auch ein Würfel ist ein Quader.

a)

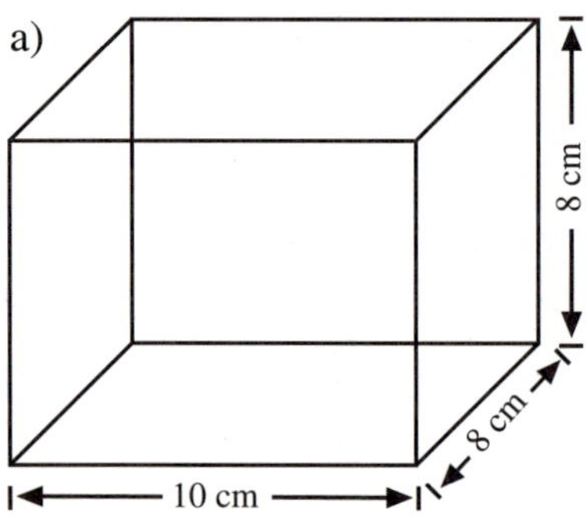

V = 80 cm³ · *8*

V = *640* cm³

b)

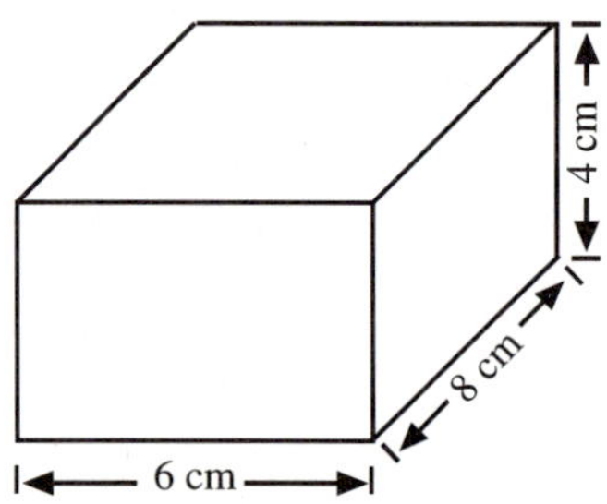

V = *48 cm³ · 4*

V = 192 cm³

c)

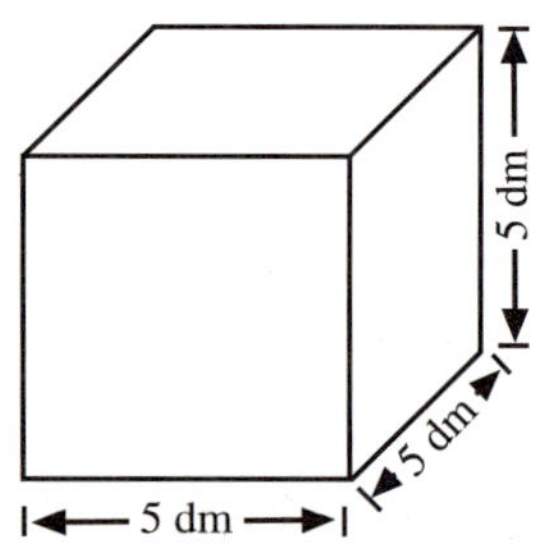

V = 25 dm³ · 5

V = 125 dm³

V Rauminhalt Volumen

zu 1 und 2:

720 mm³; 90 cm³; 192 cm³; 640 cm³; 125 dm³; 320 dm³; 27 m³

1.1 Berechne den Rauminhalt des Quaders.

a) eine Schicht: 24 cm³
Anzahl: 5 Schichten

b) eine Schicht: 32 dm³
Anzahl: 3 Schichten

c) eine Schicht: 21 mm³
Anzahl: 6 Schichten

d) eine Schicht: 35 cm³
Anzahl: 8 Schichten

1.2 Lege eine Tabelle an und berechne den Rauminhalt des Quaders.

a) Länge = 4 cm
Breite = 7 cm
Höhe = 6 cm

b) Länge = 7 m
Breite = 9 m
Höhe = 6 m

c) Länge = 8 dm
Breite = 5 dm
Höhe = 2 dm

2.1 Berechne den Rauminhalt des Quaders.

a)

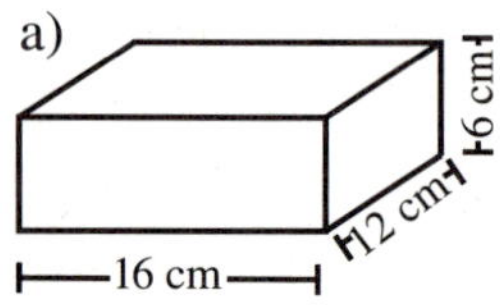

b)

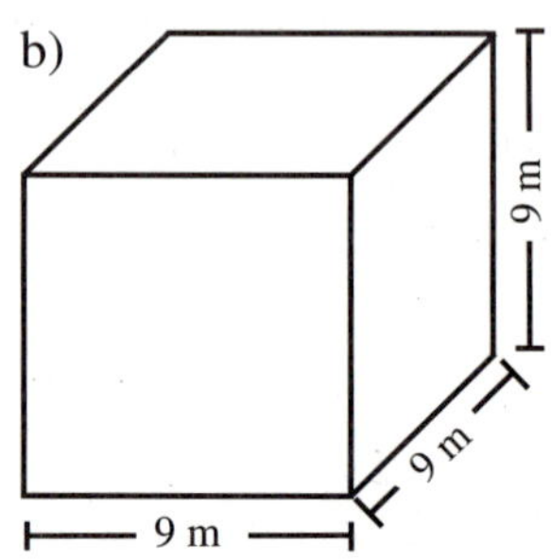

3 Rauminhalte umrechnen

1 Rechne um in die angegebene Einheit.

a) 6000 dm^3 = *6* m^3

b) 328 cm^3 = *328 000* mm^3

c) 9000 mm^3 = *9* cm^3

d) 912 m^3 = *912 000* dm^3

Rauminhalte umrechnen	15 dm^3 (in cm^3)	25 000 mm^3 (in cm^3)
(1) **Nebenrechnung**		
– Grundbeziehung bestimmen	*1 dm^3 = 1000 cm^3*	*1000 mm^3 = 1 cm^3*
– Umrechnung bestimmen	*· 1000*	*: 1000*
– ausrechnen	*15 · 1000 = 15 000*	*25 000 : 1000 = 25*
(2) **Notieren**	15 dm^3 = 15 000 cm^3	25 000 mm^3 = 25 cm^3

Grundbeziehungen
1 m^3 = 1000 dm^3
1 dm^3 = 1000 cm^3
1 cm^3 = 1000 mm^3
1 l = 1 dm^3
100 l = 1 hl
1000 l = 1 m^3
1 l = 1000 ml

Abkürzungen
l = Liter
hl = Hektoliter
ml = Milliliter

zu 2 und 3

2 Rechne um in die nächstgrößere Einheit.

a) 56 000 mm^3 = *56 cm^3* b) 85 000 dm^3 = *85 m^3* c) 59 000 cm^3 = *59 dm^3*

d) 17 000 cm^3 = *17 dm^3* e) 726 000 mm^3 = *726 cm^3* f) 484 000 dm^3 = *484 m^3*

3 Rechne um in die nächstkleinere Einheit.

a) 28 m^3 = *28 000 dm^3* b) 112 cm^3 = *112 000 mm^3* c) 550 cm^3 = *550 000 mm^3*

d) 82 dm^3 = *82 000 cm^3* e) 202 m^3 = *202 000 dm^3* f) 172 dm^3 = *172 000 cm^3*

112 000 mm^3; 550 000 mm^3; 56 cm^3; 726 cm^3; 82 000 cm^3; 172 000 cm^3; 17 dm^3; 59 dm^3; 28 000 dm^3; 202 000 dm^3; 85 m^3; 484 m^3

4 Zerlege und schreibe wie im Beispiel: 7821 cm^3 = 7 dm^3 821 cm^3 = 7,821 dm^3.

a) 1700 cm^3 = *1 dm^3 700 cm^3 = 1,700 dm^3* b) 42 409 mm^3 = *42 cm^3 409 mm^3 = 42,409 cm^3*

c) 4550 dm^3 = *4 m^3 550 dm^3 = 4,550 m^3* d) 64 730 cm^3 = *64 dm^3 730 cm^3 = 64,730 dm^3*

e) 9001 mm^3 = *9 cm^3 1 mm^3 = 9,001 cm^3* f) 35 040 dm^3 = *35 m^3 40 dm^3 = 35,040 m^3*

5 Rechne um in die angegebene Einheit.

a) 50 hl = *5000* l b) 81 dm^3 = *81* l c) 85 000 ml = *85* l

d) $\frac{1}{2}$ l = *500* ml e) $3\frac{1}{2}$ l = *3500* ml f) $9\frac{1}{2}$ hl = *950* l

g) $6\frac{3}{4}$ hl = *675* l h) 46 000 l = *46* m^3 i) $\frac{1}{4}$ m^3 = *250* l

1.1 Rechne um in die angegebene Einheit.
a) 56 cm^3 (mm^3) b) 55 000 cm^3 (dm^3) c) 33 cm^3 (mm^3)
d) 23 m^3 (dm^3) e) 71 000 mm^3 (cm^3) f) 300 dm^3 (cm^3)

2.1 Rechne um in die nächstgrößere Einheit.
a) 41 000 cm^3 b) 12 000 mm^3 c) 81 000 dm^3 d) 20 000 cm^3
e) 76 000 cm^3 f) 64 000 mm^3 g) 90 000 dm^3 h) 61 000 mm^3

3.1 Rechne um in die nächstkleinere Einheit.
a) 4 cm^3 b) 342 m^3 c) 650 dm^3 d) 100 cm^3
e) 87 cm^3 f) 677 m^3 g) 800 dm^3 h) 734 dm^3

4.1 Zerlege und schreibe wie im Beispiel von Aufgabe 4.
a) 1600 dm^3 b) 3636 cm^3 c) 1615 mm^3 d) 9000 cm^3
e) 7140 cm^3 f) 81 117 mm^3 g) 3982 cm^3 h) 25 098 dm^3

5.1 Rechne um in die angegebene Einheit.
a) 65 000 ml (l) b) 82 000 ml (l) c) 72100 hl (l) d) 700 l (hl)

5.2 Rechne um in die angegebene Einheit.
a) 16 dm^3 (l) b) 400 dm^3 (l) c) 6500 ml (l)
d) $8\frac{1}{2}$ l (ml) e) $74\frac{1}{4}$ l (ml) f) $32\frac{3}{4}$ hl (l)

4 Sachaufgaben

Sachaufgaben lösen

(1) Aufgabe notieren

(2) Rechnen

(3) Überschlagen

(4) Antwort notieren

1 Eine Baugrube wird ausgebaggert.
Sie wird 12 m lang, 10 m breit und 3 m tief.
Wie viel m^3 Erde werden ausgehoben?

(1) *V = 12 m · 10 m · 3 m*

(2) *12 · 10 = 120; 120 · 3 = 360*

(3) *10 · 10 · 3 = 300*

(4) *Es werden 360 m^3 Erde ausgehoben.*

2 Ein Schwimmbecken ist 8 m lang, 3 m breit und 1,50 m tief.
Wie viel Liter Wasser passen hinein?

Größenangaben in die **gleiche Einheit** umrechnen

(1) *V = 8 m · 3 m · 1,50 m*   *8 m = 80 dm*; *3 m = 30 dm*

(2) *V = 2400 dm^2 · 15*   *1,50 m = 15 dm*

2400 · 15
2400
12000
36000

V = 36000 dm^3 = 36000 l

1 dm^3 = 1 l

(3) *V ≈ 8 m · 3 m · 2 m = 48 m^3*

(4) *In das Schwimmbecken passen 36 000 l.*

3 Ein Karton ist 50 cm lang, 48 cm breit und 45 cm hoch.
Berechne den Rauminhalt in dm^3.

1 dm^3 = 1000 cm^3

(1) *V = 50 cm · 48 cm · 45 cm*

(2) *48 · 50*   *2400 · 45*
2400   *9600*
12000
108000

V = 108000 cm^3 = 108 dm^3

(3) *V ≈ 50 cm · 50 cm · 40 cm = 100000 cm^3*

(4) *Der Rauminhalt des Kartons ist 108 dm^3.*

4 Berechne den Rauminhalt eines Schuhkartons mit den Maßen 24 cm, 38 cm und 18 cm.

5 Jens hat ein Aquarium (40 cm · 60 cm · 80 cm).
Wie viel Liter Wasser passen hinein?

6 Eine Weitsprunggrube (8 m Länge und 2 m Breite) soll 50 cm hoch mit Sand gefüllt werden. Wie viel m^3 Sand werden benötigt?

7 Der Keller (4 m · 3 m) steht 20 cm hoch unter Wasser.
Wie viel Liter Wasser müssen abgepumpt werden?

8 Ein 4 m langer Holzbalken ist 10 cm breit und 10 cm hoch.
Berechne den Rauminhalt in dm^3.

9 Ein Blumenkübel ist 1,50 m lang, ebenso breit und 40 cm hoch. Er soll mit Erde gefüllt werden. Reicht 1 m^3?

5 Es tropft und tropft und tropft …

Der Wasserhahn tropft. Nach wie vielen Tagen ist die Wanne voll?

Schätze und kreuze an.

- nach 360 Tagen (1 Jahr)
- nach 180 Tagen ($\frac{1}{2}$ Jahr)
- nach 90 Tagen (3 Monaten)
- ☒ nach 30 Tagen (1 Monat)
- nach 3 Tagen

1 Die Wanne ist fast quaderförmig und hat ungefähr folgende Maße:
Länge 1,50 m, Breite 50 cm, Tiefe 40 cm.
Berechne den Rauminhalt eines Quaders mit diesen Maßen.

V = 15 dm · 5 dm · 4 dm

V = 75 dm² · 4

V = 300 dm³

V = 300 l

Antwort:
In die Wanne passen rund *300 l* Wasser.

2 Wie viel Liter Wasser tropfen in die Wanne? Berechne.

in einer Minute: ungefähr 7 ml

in einer Stunde: 60 · *7 ml* = *420* ml

an einem Tag: 24 · *420 ml* = *10 080 ml*

420 · 24
840
1680
10080

10080 ml ≈ 10 l

Runde diese Zahl auf Liter: *10 l*

Antwort:
An einem Tag tropfen rund *10 l* in die Wanne.

3 Vergleiche die Rauminhalte von Aufgabe 1 und 2 und berechne, nach wie vielen Tagen die Wanne voll ist.

300 l : 10 l

300 : 10 = 30

Nach rund *30* Tagen ist die Wanne voll Wasser.

•4 Erkundige dich, wie teuer 1 m³ Wasser ist. Berechne die Kosten für das vergeudete Wasser für ein Jahr.

Im Monat rund 300 l,
im Jahr 12 · 300 l = 3600 l
3600 l ≈ 4000 l ≈ 4 m³

4 m³ mit dem Preis für 1 m³ Wasser multiplizieren.

DIPLOM

1

Bestimme die Anzahl der Würfel.

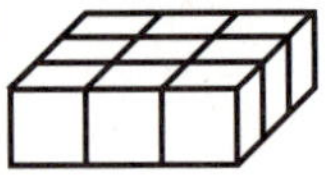

9 Würfel

Bestimme die Anzahl der Würfel.

14 Würfel

Bestimme die Anzahl der Würfel.

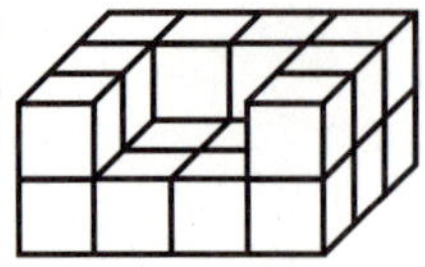

20 Würfel

2

Berechne den Rauminhalt.

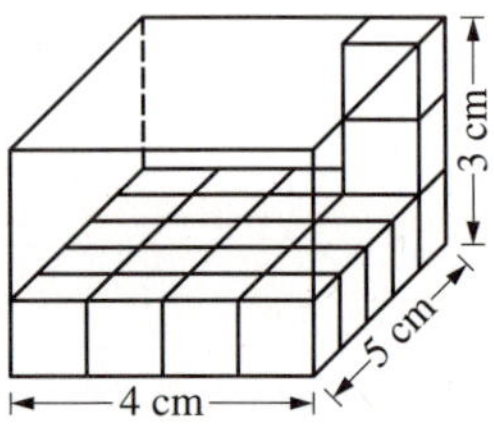

V = 60 cm³

Berechne den Rauminhalt.

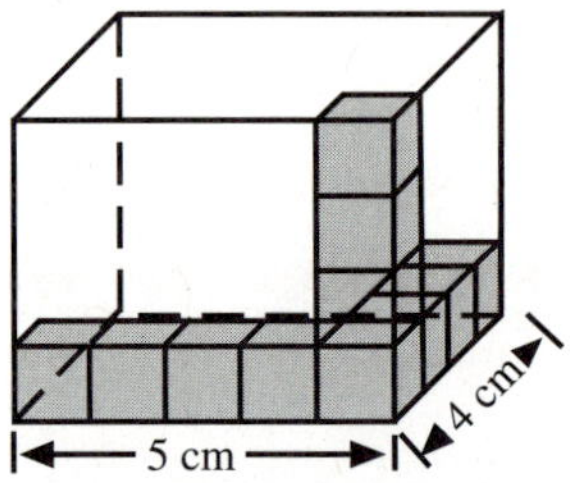

V = 80 cm³

Berechne den Rauminhalt.

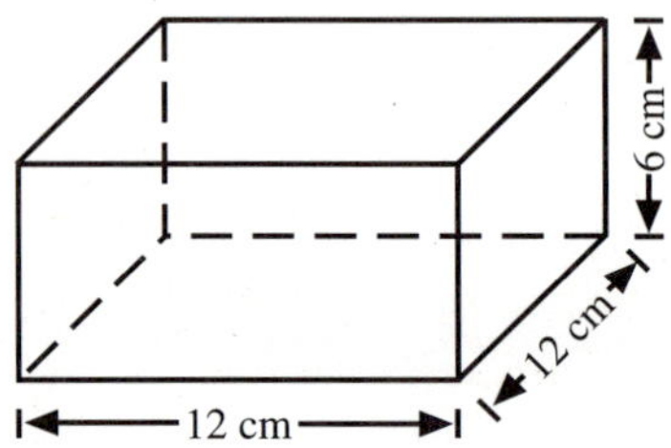

V = 864 cm³

3

Berechne den Rauminhalt des Quaders.

Rauminhalt einer Schicht	Anzahl der Schichten
6 cm³	8

Rauminhalt: *V = 48 cm³*

Berechne den Rauminhalt des Quaders.

Länge	Breite	Höhe
4 cm	10 cm	6 cm

V = 240 cm³

Berechne den Rauminhalt des Quaders.

Länge	Breite	Höhe
3,5 m	60 cm	$2\frac{1}{2}$ m

V = 5250 dm³

4

Rechne um.

a) 56 cm³ = *56 000* mm³

b) 5000 dm³ = *5* m³

Rechne um.

a) 12 cm³ = *12 000* mm³

b) 90 000 dm³ = *90* m³

Rechne um.

a) 13 dm³ 338 cm³ = *13 338* cm³

b) 73 cm³ 85 mm³ = *73 085* mm³

5

Rechne um.

a) 16 dm³ = *16* l

b) 28 l = *28 000* ml

Rechne um.

a) 50 000 l = *500* hl

b) 78 000 ml = *78* l

Rechne um.

a) 5 hl 80 l = *580* l

b) 14,5 l = *14 500* ml

6

Ein Zimmer ist 12 m lang, 5 m breit und 3 m hoch.
Berechne den Rauminhalt.

V = 180 m³

Ein Aquarium ist 80 cm lang, 40 cm breit und 50 cm hoch.
Wie viel Liter passen hinein?

V = 160 l

Drei Blumenkästen der Größe 60 cm · 12 cm · 10 cm werden mit Erde gefüllt.
Reicht ein 20-Liter-Beutel?

1 Kasten: 7200 cm³
3 Kästen: 21600 cm³
Nein, 1600 cm³ zu wenig.

Bronze: ☆ ☆ ☆ ☆ ☆

Silber: ☆ ☆ ☆ ☾ ☾ ☾

Gold: ☾ ☾ ☾ ☀ ☀ ☀

Beiheft mit den Lösungen der zusätzlichen Übungsaufgaben (zu # 745193)

Seite 6

3.1

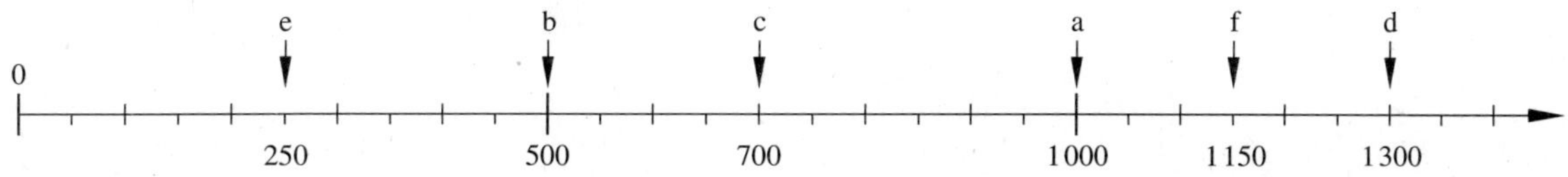

4.1

a) 6000 b) 14000 c) 18000 d) 25000 e) 28000 f) 34000

6.1

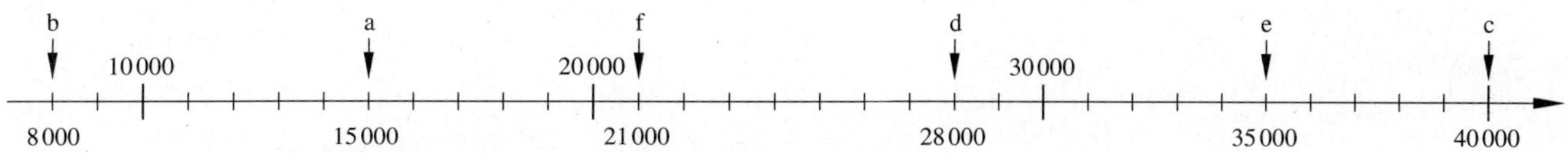

7.1

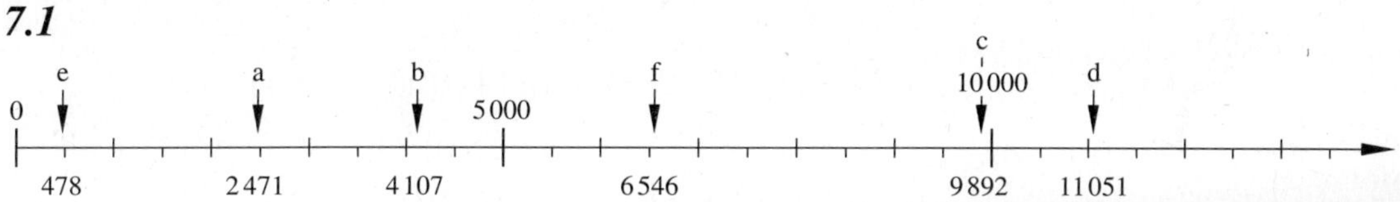

Seite 7

2.1

a) 3748 = 3000 + 700 + 40 + 8

b) 29051 = 20000 + 9000 + 50 + 1

c) 7829 = 7000 + 800 + 20 + 9

d) 604 = 600 + 4

e) 80970 = 80000 + 900 + 70

f) 69473 = 60000 + 9000 + 400 + 70 + 3

g) 75908 = 70000 + 5000 + 900 + 8

h) 317942 = 300000 + 10000 + 7000 + 900 + 40 + 2

i) 6005 = 6000 + 5

j) 10073 = 10000 + 70 + 3

k) 52009 = 50000 + 2000 + 9

l) 17994 = 10000 + 7000 + 900 + 90 + 4

4.1

a) 538626 = 5 · 100000 + 3 · 10000 + 8 · 1000 + 6 · 100 + 2 · 10 + 6 · 1

b) 906481 = 9 · 100000 + 6 · 1000 + 4 · 100 + 8 · 10 + 1 · 1

c) 78506 = 7 · 10000 + 8 · 1000 + 5 · 100 + 6 · 1

d) 485970 = 4 · 100000 + 8 · 10000 + 5 · 1000 + 9 · 100 + 7 · 10

e) 305624 = 3 · 100000 + 5 · 1000 + 6 · 100 + 2 · 10 + 4 · 1

f) 240007 = 2 · 100000 + 4 · 10000 + 7 · 1

g) 600017 = 6 · 100000 + 1 · 10 + 7 · 1

h) 26984 = 2 · 10000 + 6 · 1000 + 9 · 100 + 8 · 10 + 4 · 1

i) 71003 = 7 · 10000 + 1 · 1000 + 3 · 1

j) 513000 = 5 · 100000 + 1 · 10000 + 3 · 1000

5.1

a) 3000 b) 70 c) 60000 d) 8000

e) 500000 f) 400 g) 1000 h) 90000

6.1

a) 71000 b) 482910 c) 56804

•*7.1*

a) fünfundzwanzigtausendvierhundertachtzig

b) siebenhunderteinundsechzigtausendneunhundertdreiundachtzig

Seite 8

2.1

	Billionen			Milliarden			Millionen			Tausender					
	H	Z	E	H	Z	E	H	Z	E	H	Z	E	H	Z	E
a)	7	0	8	0	0	0	0	0	0	0	0	0	0	0	0
b)							5	8	3	0	0	0	0	0	0
c)					9	6	0	0	0	0	0	0	0	0	0

3.1

a) 274 000 000

b) 74 000 000 000 000

c) 805 000 000 000

3.2

a) 3 000 000 000 900

b) 6 030 020 000

c) 492 000 810

•4.1

a) sechsundvierzig Milliarden siebenhundertfünfzig Millionen

b) achthundertsechsundvierzig Billionen

c) zweiundneunzig Millionen

Seite 9

1.1

	Billionen			Milliarden			Millionen			Tausender					
	H	Z	E	H	Z	E	H	Z	E	H	Z	E	H	Z	E
a)				2	6	4	0	0	0	0	0	0	0	0	0
							6	4	2	0	0	0	0	0	0
b)	5	6	8	0	0	0	0	0	0	0	0	0	0	0	0
	8	6	5	0	0	0	0	0	0	0	0	0	0	0	0

a) 264 Milliarden > 642 Millionen

b) 865 Billionen > 568 Billionen

2.1

(57 860 421 805)

57 680 421 805

57 860 241 805

3.1

a) 236 Billionen > 362 Milliarden > 623 Millionen

b) 543 Milliarden > 435 Milliarden > 354 Milliarden

c) 178 Billionen > 178 Milliarden > 178 Millionen

d) 54 Millionen > 49 Millionen > 45 Millionen

e) 87 954 303 659 > 87 954 302 659 > 87 945 302 659

f) 54 545 645 > 54 545 465 > 54 545 456

Seite 10

2.1

a) 300 b) 200 c) 9 600
d) 9 500 e) 39 100 f) 100 000
g) 11 100 h) 86 700 i) 748 300
j) 609 000 k) 765 400 l) 2 783 200
m) 9 778 900 n) 10 007 900

2.2

a) 6 000 b) 8 000 c) 31 000
d) 50 000 e) 391 000 f) 461 000
g) 667 000 h) 1 000 000 i) 3 862 000
j) 59 973 000 k) 350 000 l) 758 000
m) 6 471 000 n) 20 865 000

3.1

a) 900 000 b) 800 000 c) 200 000
d) 1 000 000 e) 5 500 000 f) 2 100 000
g) 9 800 000 h) 8 700 000 i) 306 300 000
j) 9 700 000 k) 4 300 000 l) 0
m) 100 000

4.1

a) 7 000 b) 50 000 c) 10 000
d) 20 000 e) 1 000 000 f) 700 000
g) 10 000 000 h) 9 000 000 i) 40 000 000
j) 50 000 000 k) 60 000 000 l) 20 Mio.
m) 90 Mrd.

Seite 11

4

a)

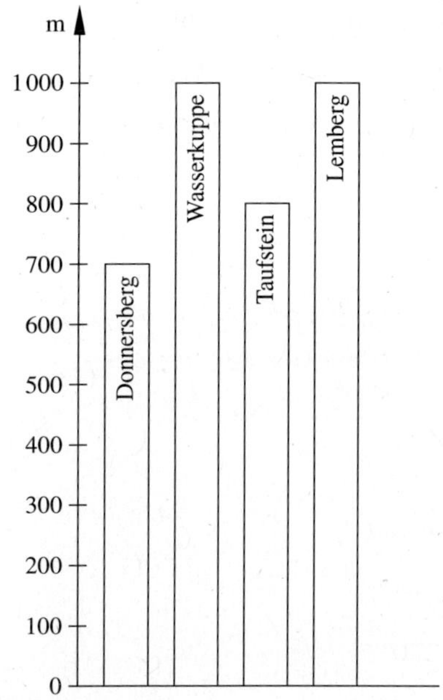

b)

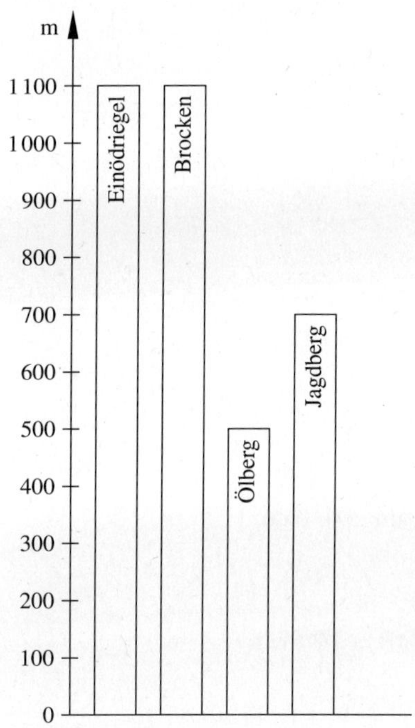

5

a)

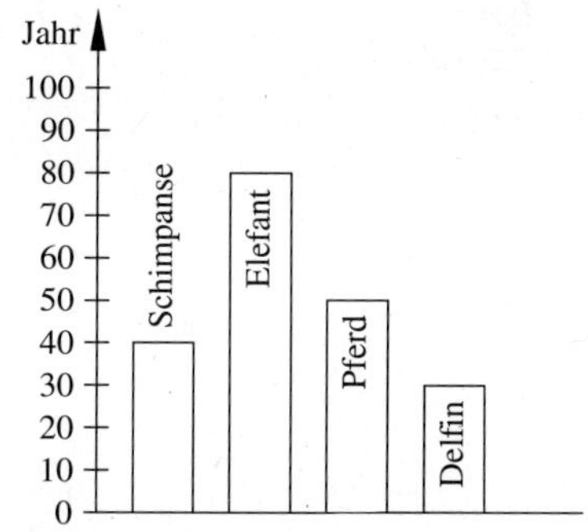

b)

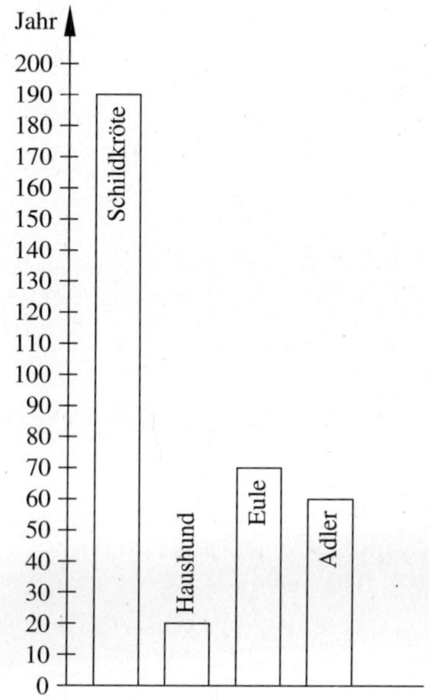

6

a)

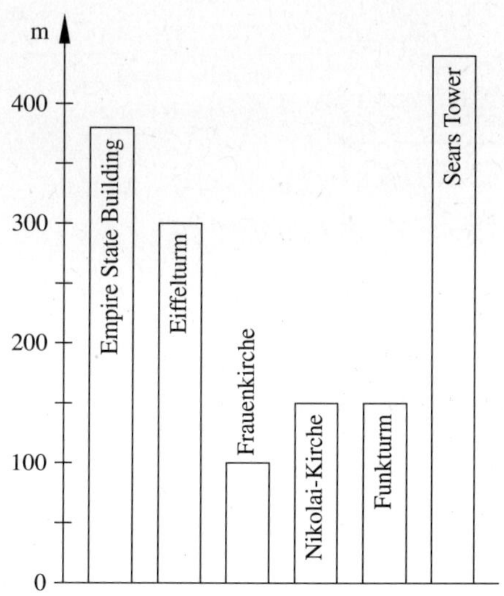

b)

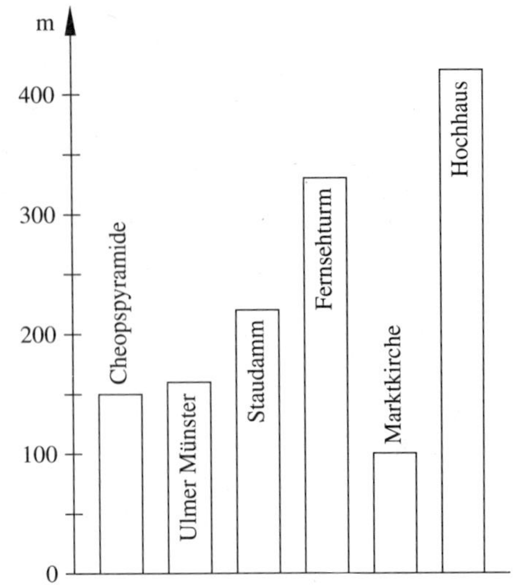

7

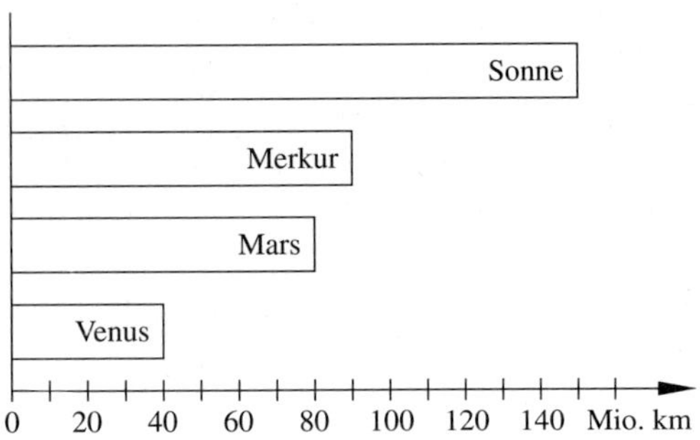

Seite 14

2.1

Individuelle Lösung

2.2

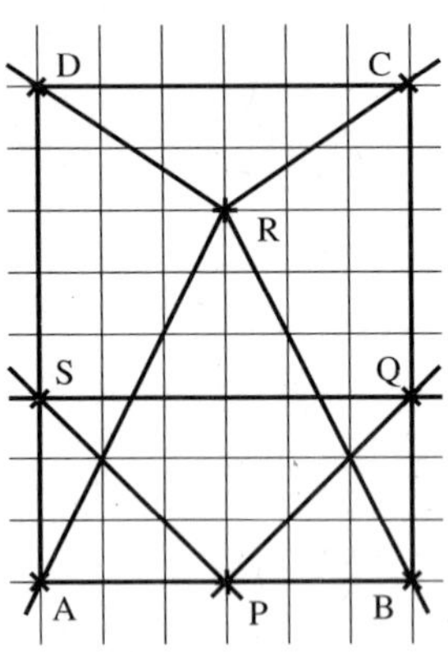

4

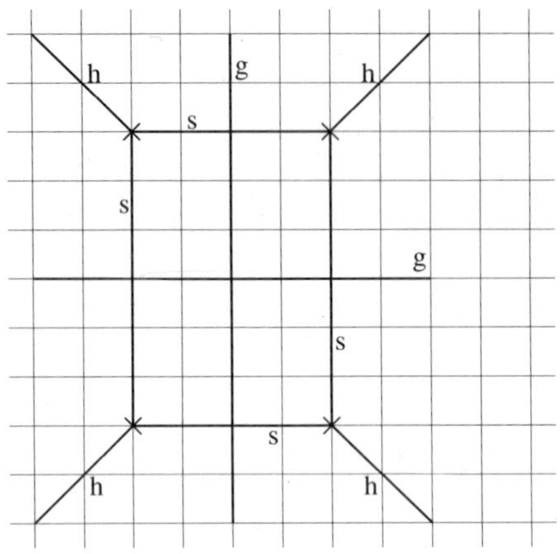

h sind Halbgeraden
g sind Geraden
s sind Strecken

5

Individuelle Lösung

Seite 15

1.1

lange Kante: 16 cm
kurze Kanten: ≈ 11,3 cm

2.1

Individuelle Lösung

3.1

Individuelle Lösung

4

Strecke	$\overline{AB}$	$\overline{BC}$	$\overline{CD}$	$\overline{AD}$	$\overline{BD}$
Länge	4,5 cm	2 cm	4,6 cm	3 cm	5,4 cm

•*5*

b) $\overline{DC}$ = 9,2 cm $\overline{DB}$ = 10,8 cm

Seite 16

2.1

Individuelle Lösung

2.2

Individuelle Lösung

2.3

Individuelle Lösung

5

a)

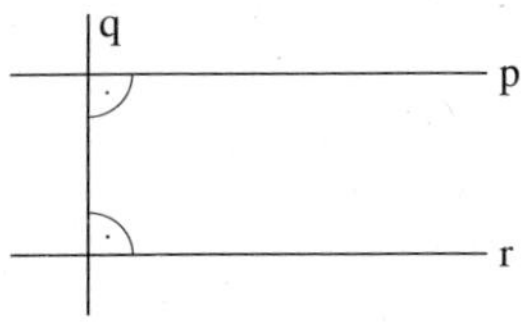

b)

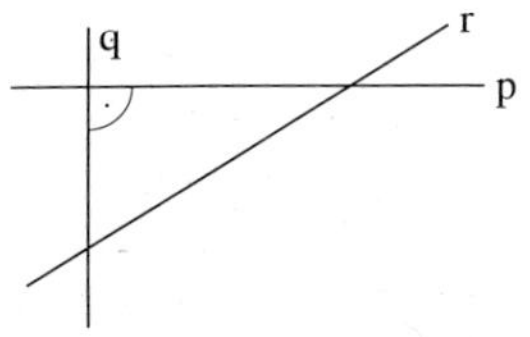

oder

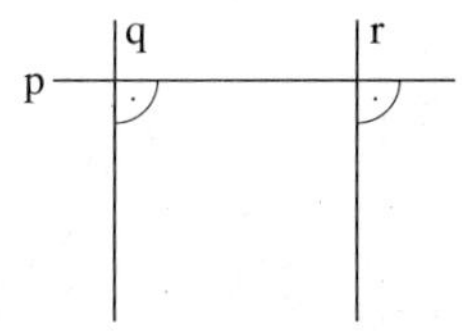

6

Individuelle Lösung

Seite 17

2.1

Individuelle Lösung

3.1

Individuelle Lösung

6

Individuelle Lösung

7

a)

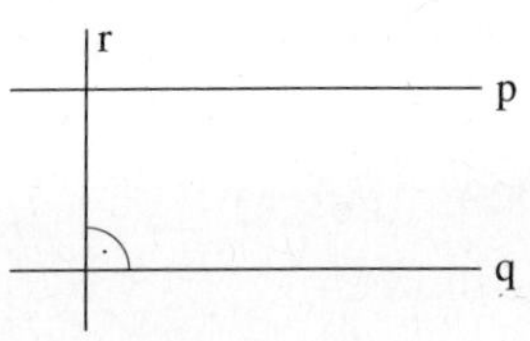

b)

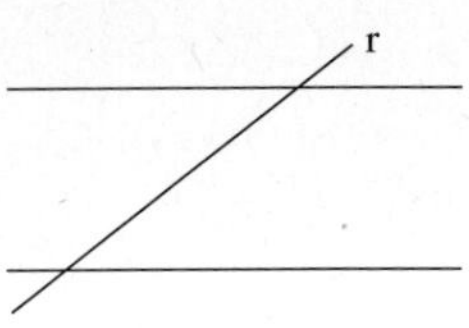

oder

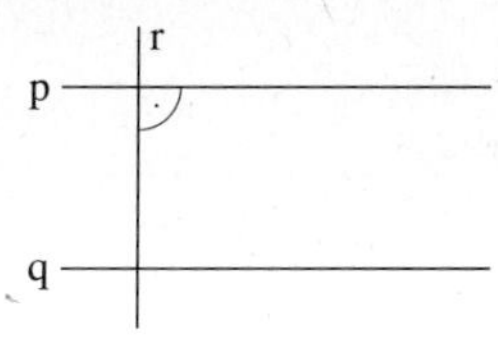

•*8*

Individuelle Lösung

Seite 18

2.1

Abstand P von a: 2 cm
Abstand Q von a: 1 cm
Abstand R von a: 14 mm

3.1

Individuelle Lösung

4.1

Abstand P von a: 1,5 cm
Abstand P von b: 0 cm
Abstand P von c: 1,8 cm
Abstand P von d: 2,2 cm
Abstand P von e: 0 cm
Abstand P von f: 2,1 cm

Seite 22

1.1

a) 75; 75 − 28 = 47 b) 54; 54 + 19 = 73
c) 9; 9 + 78 = 87 d) 121; 121 − 39 = 82
e) 47; 47 + 37 = 84 f) 121; 121 − 88 = 33
g) 175; 175 − 28 = 147 h) 189; 189 + 61 = 250
i) 521; 521 − 77 = 444 j) 123; 123 + 177 = 300
k) 643; 643 − 299 = 344 l) 199; 199 + 312 = 511

2.1

a) 47 + 79 = 126 b) 120 − 66 = 54
c) 200 − 78 = 122 d) 39 + 121 = 160

2.2

a) 70 + 38 + 47 = 155 b) 125 + 63 + 75 + 37 = 300

3.1

184, 257, 330, 403, 476, 549, 622, 695, 768, 841, 914, 987, 1 060

3.2

308, 279, 250, 221, 192, 163, 134, 105, 76, 47, 18

3.3

immer +73: 786, 859, 932, 1 005

3.4

immer −93: 632, 539, 446, 353, 260, 167, 74

•*4.1*

a) 238 − 150 = 88 b) 251 − 67 = 184
c) 333 − 266 = 67

Seite 23

2.1

a) 103	b) 92	c) 92	d) 53	e) 192
f) 275	g) 434	h) 728	i) 145	j) 115
k) 166	l) 71	m) 421	n) 918	o) 271
p) 583	q) 539	r) 991	s) 418	t) 575

3.1

a) 554	b) 612	c) 504	d) 258	e) 475
f) 959	g) 624	h) 619	i) 930	j) 655
k) 574	l) 545			

4.1

a) 268	b) 623	c) 905	d) 937	e) 616
f) 830	g) 465	h) 716		

5.1

a) 187	b) 178	c) 123	d) 145	e) 97
f) 116	g) 1 768	h) 2 434	i) 200	j) 184
k) 500	l) 610	m) 1 800	n) 2 700	

Seite 24

1.1

a) 187	b) 35	c) 35	d) 230	e) 34
f) 34	g) 2	h) 180	i) 16	j) 96

2.1

a) 78 – (60 + 15) = 3

b) 78 – 60 + 15 = 33

c) 177 – (83 + 50) = 44

d) 100 – (50 + 20) – 10 = 20

3.1

a) 100 – (73 – 37) = 64

b) 250 + (95 – 95) = 250

4.1

a) 450 b) 244 c) 750

5.1

a) 166 b) 218 c) 10 d) 62

Seite 25

1.1

a) 6 800; 9 100; 800; 3 100; 6 900; 11 300; 400; 67 900; 1 000

b) 8 000; 28 000; 628 000; 1 000; 4 000; 8 000; 78 000; 20 000

2.1

a) 34 200 / 34 190 / 34 000

b) 16 700 / 16 720 / 17 000

c) 9 700 / 9 700 / 10 000

d) 20 600 / 20 600 / 21 000

e) 69 200 / 69 180 / 69 000

3.1

a) 500; 7 300 b) 70; 850

c) 7 200; 900 d) 40; 6 270

4.1

a) 90 + 50 = 140

b) 500 + 300 = 800

c) 90 – 50 = 40

d) 7 000 + 6 000 = 13 000

e) 7 000 – 4 000 = 3 000

f) 6 000 + 2 000 = 8 000

g) 80 + 60 + 70 = 210

h) 8 000 + 8 000 = 16 000

i) 70 000 + 20 000 = 90 000

•*5.1*

a) 800 + 400 + 500 = 1 700 (kann stimmen)

b) 8 000 – 6 000 = 2 000 (falsch)

c) 8 000 + 7 000 + 2 000 = 17 000 (falsch)

d) 8 300 – 700 = 7 600 (kann stimmen)

Seite 26

3.1

a) 797	b) 997	c) 889	d) 1 240
e) 869	f) 1 405	g) 1 715	h) 8 256
i) 13 320	j) 79 270	k) 84 509	l) 19 832
m) 611 519	n) 764 910	o) 4 032	p) 898 752

4.1

a) 1 015	b) 1 604	c) 1 929	d) 19 914
e) 1 524	f) 14 868	g) 2 238	h) 103 233
i) 693 658	j) 148 996	k) 16 047	l) 9 134 443
m) 10 828	n) 1 997		

Seite 27

3.1

a) 421	b) 253	c) 123	d) 215
e) 117	f) 163	g) 2318	h) 132
i) 4109	j) 26214	k) 31007	l) 120000
m) 73535	n) 6149	o) 4798	p) 41252
q) 47663	r) 199999	s) 91045	t) 32099
u) 2012211			

4.1

a) 321	b) 552	c) 3790	d) 415
e) 223	f) 1225	g) 2176	h) 2874
i) 28688	j) 21703	k) 49457	l) 311903
m) 4512	n) 7979	o) 4799	p) 84896
q) 58069	r) 330031	s) 579936	t) 788423
u) 7520983			

Seite 28

1.1

a) 743	b) 975	c) 699	d) 7987
e) 693	f) 11247		

2.1

a) 6731	b) 10694	c) 3783	d) 2587

3.1

16451 – 238 = 16213
9387 – 2457 = 6930
7326 + 753 = 8079
893 + 4926 = 5819

4.1

a) 6231	b) 6567	c) 725	d) 3780

Seite 29

5

25785 + 18954 + 23577 = 68316
Es waren insgesamt 68316 Zuschauer.

6

a) 8848 – 4807 = 4041
Der Höhenunterschied beträgt 4041 m.
b) 8848 – 2963 = 5885
4807 – 2963 = 1844
Der Höhenunterschied der Zugspitze zum Mount Everest ist 5885 m, zum Montblanc 1844 m.

7

a) 1476 + 385 = 1861
Sie hat 1861 € auf dem Konto.
b) 1237 – 375 = 862
Es sind noch 862 € auf dem Konto.

8

24873 + 36734 + 19506
+26856 + 39871 + 41571 = 189411
Die Einnahmen der gesamten Woche betrugen 189411 €.

Seite 32

1.1

a) 13 · 8 = 104; 104 : 8 = 13
b) 14 · 3 = 42; 42 : 3 = 14
c) 48 : 4 = 12; 12 · 4 = 48
d) 84 : 7 = 12; 12 · 7 = 84
e) 5 · 19 = 95; 95 : 19 = 5
f) 45 : 3 = 15; 15 · 3 = 45
g) 2 · 33 = 66; 66 : 33 = 2
h) 66 : 6 = 11; 11 · 6 = 66

2.1

a) 21 · 6 = 126	b) 68 : 4 = 17
c) 17 · 7 = 119	d) 75 : 5 = 15

4.1

a) 0	b) 0	c) 37	d) 53
e) –	f) 0	g) –	h) 0

5.1

a) 9 R 5	b) 11 R 1	c) 23 R 1	d) 11 R 2
e) 13 R 2	f) 11 R 3	g) 9 R 1	h) 8 R 8

6.1

87 · 10 = 870; 130 : 10 = 13
210 · 10 = 2100; 7000 : 100 = 70
9 · 1000 = 9000; 500 : 10 = 50
11 · 100 = 1100; 30000 : 1000 = 30

Seite 33

1.1

a) 3 500	b) 24 000	c) 40	d) 30
e) 48 000	f) 9	g) 60	h) 6 300 000
i) 12 000	j) 900	k) 9	l) 11 000
m) 240 000	n) 160 000	o) 10	p) 5 600 000

2.1

a) 1 900	b) 9 000	c) 37 000	d) 17 000
e) 15 000	f) 2 000	g) 33 000	h) 110 000
i) 40 000			

3.1

a) 100 000	b) 30 000	c) 1 200
d) 70 000	e) 60 000	f) 12 000

Seite 34

1.1

a) 90	b) 4	c) 10	d) 84
e) 77	f) 350	g) 600	h) 7

2.1

a) 36	b) 120	c) 50	d) 2
e) 18	f) 25	g) 89	h) 64

2.2

a) 103	b) 88	c) 25	d) 1
e) 72			

3.1

a) $44 - (22 - 11) = 33$	$44 - 22 - 11 = 11$
b) $(50 - 30) : 2 = 10$	$50 - 30 : 2 = 35$
c) $20 \cdot 10 : 5 = 40$	$20 \cdot 10 : 5 = 40$

•*4.1*

a) $11 \cdot 9 + 20 = 119$	b) $(66 - 60) \cdot 7 = 42$
c) $(55 + 30) : 5 = 17$	d) $100 : 4 - 22 = 3$

Seite 35

2.1

a) $300 \cdot 20 = 6\,000$	b) $800 \cdot 60 = 48\,000$
c) $900 \cdot 50 = 45\,000$	d) $3\,000 \cdot 20 = 60\,000$
e) $8\,000 \cdot 40 = 320\,000$	f) $7\,000 \cdot 80 = 560\,000$
g) $4\,000 \cdot 300 = 1\,200\,000$	h) $7\,000 \cdot 400 = 2\,800\,000$
i) $1\,000 \cdot 70 = 70\,000$	j) $200 \cdot 3\,000 = 600\,000$
k) $100 \cdot 10\,000 = 1\,000\,000$	l) $30\,000 \cdot 30 = 900\,000$

2.2

a) $2\,800 : 7 = 400$	b) $5\,600 : 8 = 700$
c) $3\,000 : 6 = 500$	d) $10\,000 : 5 = 2\,000$
e) $54\,000 : 9 = 6\,000$	f) $16\,000 : 4 = 4\,000$
g) $8\,000 : 20 = 400$	h) $21\,000 : 30 = 700$
i) $30\,000 : 50 = 600$	j) $88\,000 : 22 = 4\,000$
k) $600\,000 : 100 = 6\,000$	l) $210\,000 : 70 = 3\,000$

3.1

a) $700 \cdot 7 = 4\,900$ (kann stimmen)
b) $7\,000 \cdot 8 = 56\,000$ (kann stimmen)
c) $500 \cdot 40 = 20\,000$ (falsch)
d) $3\,000 \cdot 30 = 90\,000$ (kann stimmen)
e) $2\,500 : 5 = 500$ (falsch)
f) $18\,000 : 9 = 2\,000$ (kann stimmen)
g) $88\,000 : 11 = 8\,000$ (kann stimmen)
h) $200\,000 : 40 = 5\,000$ (falsch)
i) $4\,000 \cdot 200 = 800\,000$ (falsch)
j) $8\,000 \cdot 300 = 2\,400\,000$ (kann stimmen)
k) $2\,000 \cdot 300 = 600\,000$ (falsch)
l) $3\,000 \cdot 700 = 2\,100\,000$ (kann stimmen)
m) $16\,000 : 200 = 80$ (kann stimmen)
n) $100\,000 : 500 = 200$ (kann stimmen)
o) $4\,000 \cdot 100 = 400\,000$ (kann stimmen)
p) $140\,000 : 20 = 7\,000$ (falsch)
q) $9\,000 : 300 = 30$ (falsch)
r) $20\,000 \cdot 20 = 400\,000$ (falsch)

Seite 36

1.1

a) 1 872	b) 5 103	c) 5 705
d) 9 945	e) 17 442	f) 4 532
g) 37 936	h) 133 984	i) 453 900
j) 106 652	k) 580 070	l) 407 566
m) 2 158 416	n) 2 498 466	o) 1 392 066
p) 896 880	q) 699 678	r) 739 926
s) 397 738	t) 8 625 400	u) 3 075 000

3

a) 2 889; 38 889; 488 889; 5 888 889; 68 888 889; 788 888 889
b) 111 111; 222 222; 333 333; 444 444; 555 555; 666 666; 777 777; 888 888
c) 98 765 432; 197 530 864; 296 296 296
d) 121; 12 321; 1 234 321; 123 454 321
e) 66 666; 333 333; 444 444; 999 999
f) 111 111 111; 222 222 222; 333 333 333; 444 444 444; 555 555 555

Seite 37

2.1

a) 56	b) 97	c) 87	d) 324
e) 768	f) 833	g) 317 R 3	h) 524 R 3
i) 729 R 1	j) 308	k) 730	l) 905
m) 6 125	n) 7 038	o) 6 403	

3

a) 12 R 3; 123 R 4; 1 234 R 5; 12 345 R 6
b) 123; 1 234; 12 345; 123 456
c) 21; 321; 4 321; 54 321
d) 121; 1 221; 12 321; 123 321

Seite 38

2.1

a) 39	b) 52	c) 83
d) 512	e) 622	f) 431
g) 207	h) 540	i) 699
j) 215	k) 387	l) 634
m) 1 324	n) 3 251	o) 4 163
p) 172 R 4	q) 315 R 7	r) 206 R 5
s) 37	t) 654	u) 9 517

3

a) 12; 123; 1 234; 12 345	b) 11; 111; 1 111; 11 111
c) 9; 98; 987; 9 876	d) 22; 333; 4 444; 55 555
e) 10; 210; 3 210; 43 210	f) 21; 321; 4 321
g) 66; 999; 7 654	

Seite 39

2

waagerecht:

a) 51 471	d) 94	f) 98	g) 272	i) 2 623

senkrecht:

a) 5 992	b) 47	c) 18 833	e) 472	h) 26

3

waagerecht:

a) 84 392	d) 37	f) 68	g) 663	i) 8 128

senkrecht:

a) 8 136	b) 30	c) 25 898	e) 768	h) 31

Seite 40

1.1

a) 2 885 760	b) 5 693 270	c) 3 398 928
d) 144 482 360	e) 67 469 212	f) 202 063 680
g) 5 076 564 000	h) 1 204 601 400	i) 64 098 436 500

2.1

a) 723	b) 684	c) 815
d) 248	e) 581	f) 792
g) 222	h) 432	i) 197

3.1

a) Fehler bei: $1 \cdot 0 = 0$ und $3 \cdot 0 = 0$;
Ergebnis: 2 990
b) Fehler: letzte Stelle **nicht** mehr berücksichtigt.
Ergebnis: 3 540

Seite 41

5

Es nehmen insgesamt (24 · 9 =) 216 Spieler teil.

6

Der Güterzug hat (736 : 8 =) 92 Waggons.

7

a) Die Fähre muss (294 : 42 =) 7-mal fahren.

b) Das letzte Auto muss noch (6 · 10 =) 60 min warten.

Seite 43

1.1

a) 250 : 25 b) 467 – 25

c) 25 : 5 d) 25 · 26

2.1

	a) a + 27	b) 9 · x	c) 78 – q	d) 504 : d
7	34	63	71	72
8	35	72	70	63
9	36	81	69	56

	e) 314 – y	f) 12 · z	g) r + 327	h) v · 25
7	307	84	334	175
8	306	96	335	200
9	305	108	336	225

	i) 1 008 : z	j) 19 – x + 15	k) 9 · y – 59	l) 75 + z · 5
7	144	27	4	110
8	126	26	13	115
9	112	25	22	120

3.1

x	13 · x	1 055 + x	200 – x	72 : x
8	104	1 063	192	9
12	156	1 067	188	6
24	312	1 079	176	3
36	468	1 091	164	2
72	936	1 127	128	1

3.2

x	y	15 · x – y	3 · x + 5 · y
7	4	101	41
100	0	1 500	300
1	10	5	53
3	19	26	104
15	6	219	75

•4.1

a)

x	10 · x
5	50
6	60
7	70
8	80
9	90

b)

x	0 · x
12	0
145	0
280	0
512	0
699	0

c)

x	80 – x
20	60
28	52
40	40
79	1
80	0

d)

x	30 : x
1	30
2	15
3	10
5	6
6	5

Seite 44

1.1

a) 84 = 60 (f) b) 320 = 320 (w) c) 5 = 5 (w)

d) 11 = 11 (w) e) 10 = 10 (w) f) 33 = 33 (w)

2.1

a) 9 b) 5 c) 6 d) 8

e) 88 f) 0 g) 25 h) 234

4.1

a) $6 < 9$ b) 343 = 343 c) 2 581 = 2 581

d) $32 > 23$ e) 22 = 22 f) $217 > 0$

•6

a) Multipliziert man eine Zahl mit null, so erhält man null. (w)

b) Durch null darf man nicht dividieren. (w)

c) Man darf Minuend und Subtrahend immer vertauschen. (f)

Seite 45

2.1

a)

x	180 : x + 75 = 120	w/f
1	255 = 120	f
2	165 = 120	f
3	135 = 120	f
4	120 = 120	w

L = {4}

b)

x	24 · x − 24 = 72	w/f
1	0 = 72	f
2	24 = 72	f
3	48 = 72	f
4	72 = 72	w

L = {4}

c)

x	150 + x · 5 = 200	w/f
1	155 = 200	f
2	160 = 200	f
8	190 = 200	f
10	200 = 200	w

L = {10}

d)

x	300 = x · 75 + 75	w/f
1	300 = 150	f
2	300 = 225	f
3	300 = 300	w
4	300 = 375	f

L = {3}

3.1

a) L = {3} b) L = {8} c) L = {5}
d) L = {5} e) L = {431} f) L = {42}
g) L = {112} h) L = {74} i) L = {96}

•4.1

a) 3 · x + 7 = 22 L = {5}
b) (x − 6) · 5 = 150 L = {36}
c) x : 9 − 4 = 8 L = {108}
d) 25 = (x : 2) · 5 L = {10}

Seite 46

1.1

34 · x − 123 > 200

x	34 · x − 123 > 200	w/f
1	34 · 1 − 123 > 200	f
2	34 · 2 − 123 > 200	f
3	34 · 3 − 123 > 200	f
4	13 > 200	f
5	47 > 200	f
6	81 > 200	f
7	115 > 200	f
8	149 > 200	f
9	183 > 200	f
10	217 > 200	w

L = {10, 11, 12, ...}

2.1

a) L = {12, 13, 14, ...} b) L = {0, 1, 2, 3, 4}
c) L = {9, 10, 11, ...} d) L = {15, 16, 17, ..., 29}
e) L = {0, 1, 2, ..., 12} f) L = {0, 1, 2, 3}
g) L = {12, 13, 14, ..., 40} h) L = {0, 1, 2, ..., 9}
i) L = {46, 47, 48, ...} j) L = {46, 47, 48, ...}

2.2

a) L = {0, 1, 2, 3, 4, 5, 6}
b) L = {0, 1, 2}
c) L = {0, 1, 2, 3, 4}
d) L = {0, 1, 2, 3, ..., 15, 16}
e) L = {40, 41, ...}
f) L = {0}
g) L = {6, 7, 8, ...}
h) L = { }

•3.1

a) x + 44 < 3 · 17 L = {0, 1, 2, 3, 4, 5, 6}
b) x · 19 > 1 000 : 125 · 19 L = {9, 10, 11, ...}

Seite 49

2.1

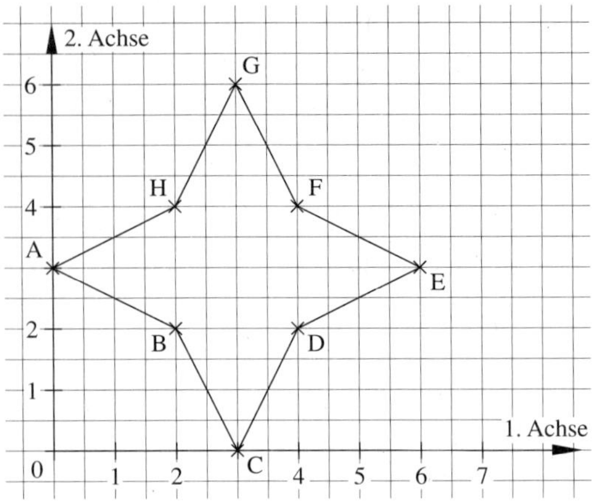

4.1

b) A (0 | 3); B (2 | 2); C (6 | 0); D (6 | 2); E (2 | 4)

a), c), d)

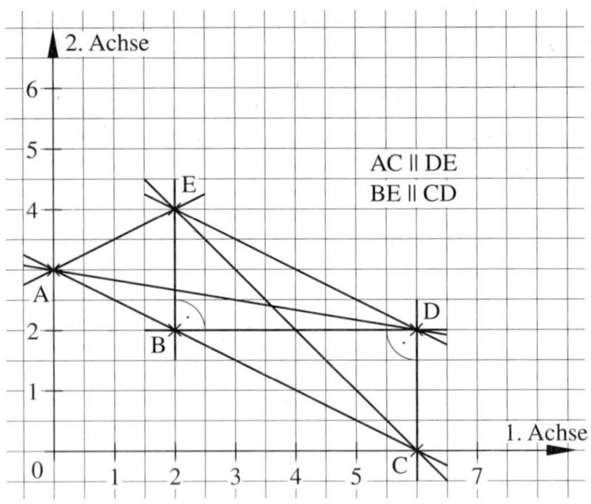

Seite 50

2.1

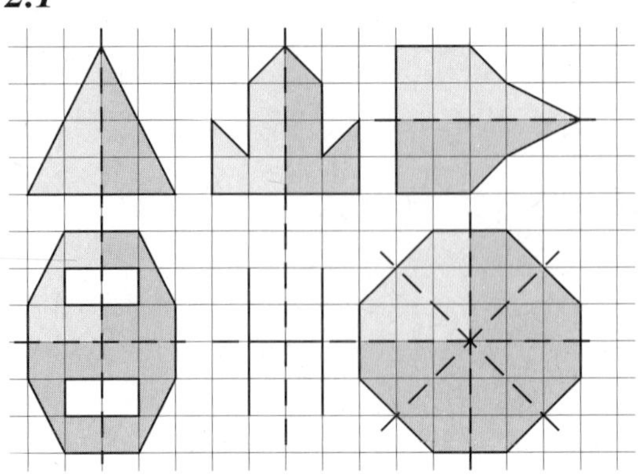

3.1

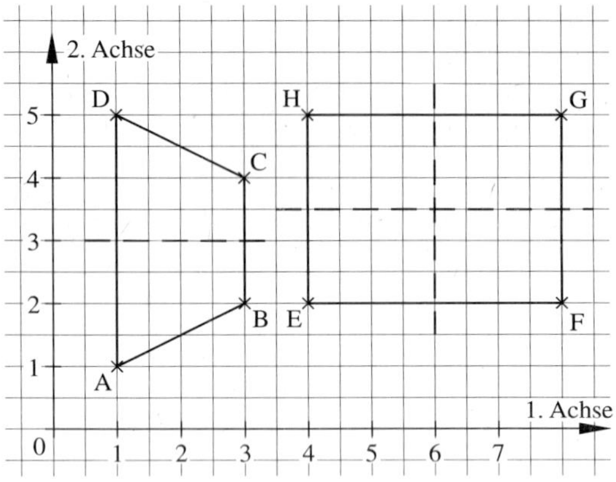

5

a) Flaggen mit nur einer Symmetrieachse:
Nationalflaggen von Finnland, Island, Kanada, Kolumbien, Belgien, Deutschland, ...

b) Flaggen mit genau zwei Symmetrieachsen:
Nationalflaggen von Spanien, Schweiz, Österreich, Japan, Argentinien, Israel, ...

6

eine Symmetrieachse:
A, B, C, D, E, M, T, U, V, W, Y

zwei Symmetrieachsen:
H, I, O, X

•*7*

OTTO, OMO, ...

Seite 51

2.1

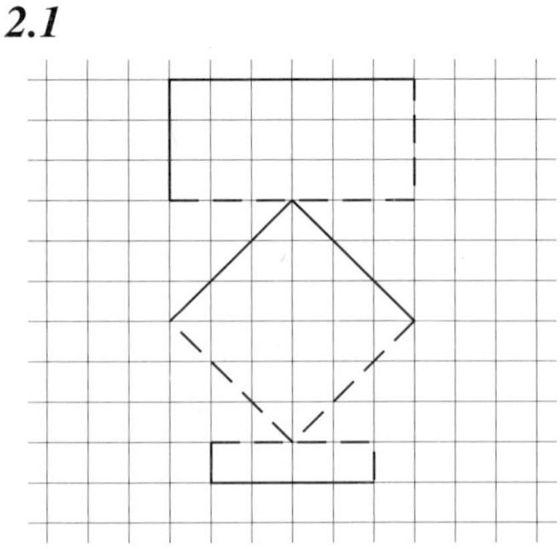

3.1

Individuelle Lösung

4.1

a) D (1 | 6) b) H (3 | 4) c) S (6 | 6)

5

Individuelle Lösung

Seite 52

2.1

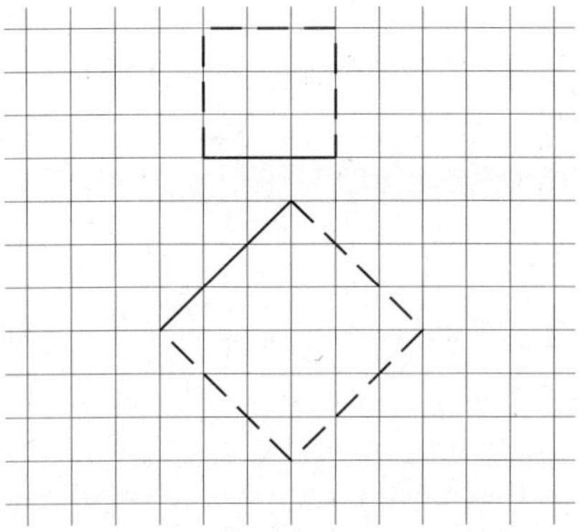

3.1

Individuelle Lösung

4.1

a) C (2 | 0); D (2 | 2)

b) M (8 | 3); N (5 | 3)

c) G (4 | 5); H (2 | 7)

d) R (6 | 6); S (5 | 5)

6

Fig. 6: 6 Quadrate
Fig. 7: 4 Quadrate

Seite 53

2.1

Individuelle Lösung

3.1

Individuelle Lösung

•*3.2*

Individuelle Lösung

•*4.1*

Individuelle Lösung

•*5*

Flaggen:
Diagonalen: Bhutan, Burundi, Großbritannien, Jamaika, Kongo, Tansania, ...
Mittellinien: Algerien, Dänemark, Großbritannien, Indonesien, Kolumbien, Liechtenstein, Malta, ...

Verkehrsschilder:
Ortsende-Schild: Eine Mittellinie teilt die Fläche in zwei Rechtecke; das untere Rechteck enthält eine rote Diagonale.

Seite 55

1.1

Streichholzschachtel → Quader
Spielwürfel → Würfel
Münze → Zylinder
„Setzer“ für Straßen → Kegel

1.2

a) Quader	b) Zylinder	c) Kugel
d) Kegel	e) Zylinder	f) Kugel

•*2.1*

a) Pyramide, Quader, Würfel

b) Kugel

•*2.2*

a) Zylinder, Kugel, Kegel

b) Zylinder

c) Kegel

d) Kugel

Seite 56

2.1

Individuelle Lösung

•*3.1*

Individuelle Lösung

•*4*

b)

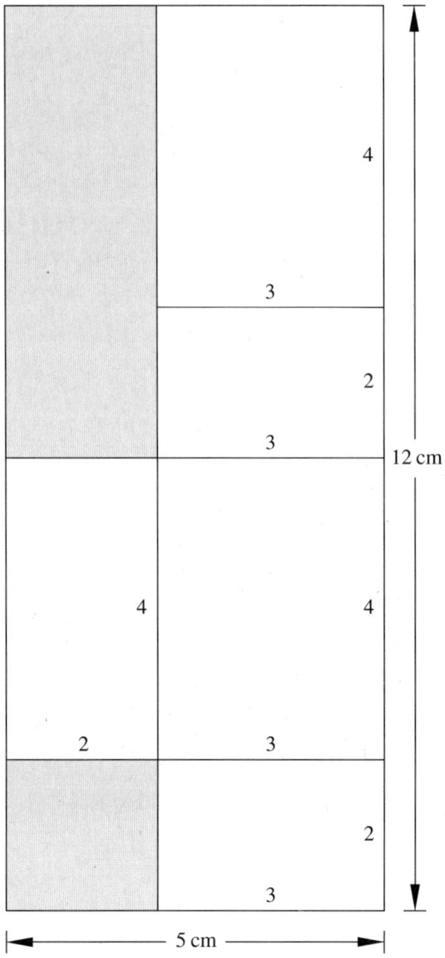

Seite 57

2.1

Individuelle Lösung

2.2

a)

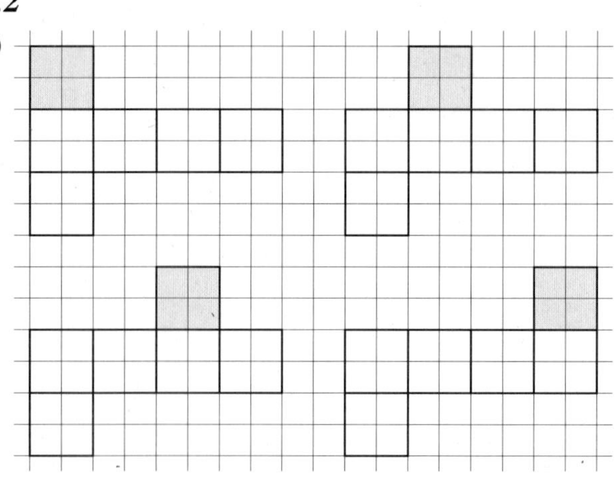

b)

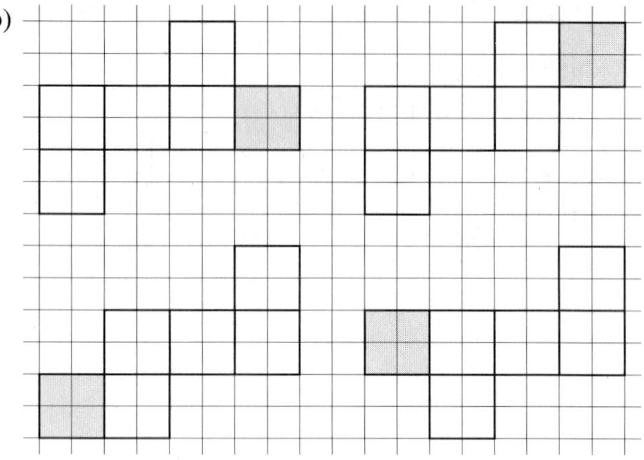

•*3.1*

Individuelle Lösung

•*4*

Individuelle Lösung

•*5*

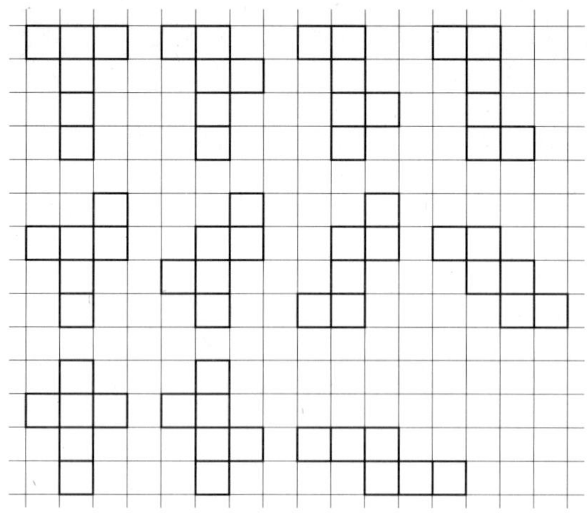

Seite 58

1.1

Individuelle Lösung

3.1

Individuelle Lösung

•*4.1*

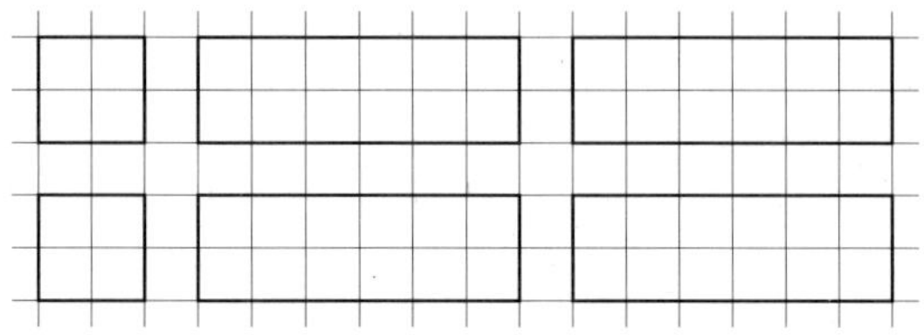

•5

b)

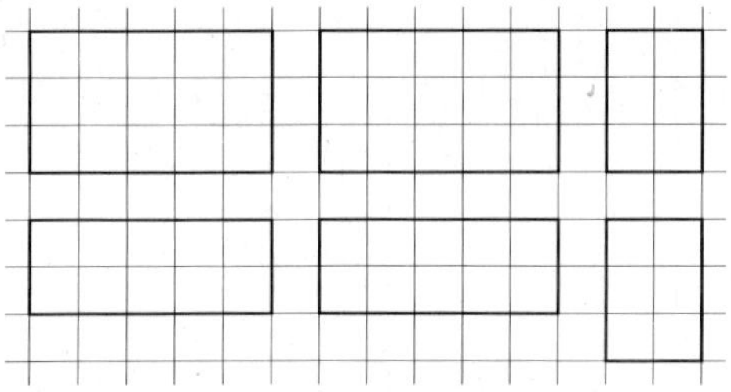

Seite 59

1.1

c) Fig. 7: 2,5 cm; 0,5 cm; ≈ 2,8 cm
Fig. 8: 1,5 cm; 1,5 cm; ≈ 1,4 cm

2.1

Individuelle Lösung

2.2

Individuelle Lösung

3.1

Individuelle Lösung

4.1

Individuelle Lösung

Seite 60

3.1

a) 400 m b) 20 km c) 1 km
d) 4 m e) 1 km

4.1

Individuelle Lösung

Seite 61

2.1

a) 7 000 m b) 950 cm c) 280 dm d) 120 mm
e) 250 mm f) 45 dm g) 1 500 m h) 50 cm
i) 105 mm j) 100 dm k) 20 000 m l) 2 000 cm

3.1

a) 20 cm b) 35 m c) 40 dm d) 50 cm
e) $\frac{1}{2}$ km f) 800 dm g) $3\frac{1}{2}$ km h) 5 dm

5.1

a) 9,5 m b) 4,53 m c) 1,055 km d) 3,6 dm
e) 18,3 cm f) 35,8 cm g) 25,750 km h) 6,700 km
i) 2,08 m j) 4,5 dm k) 35,40 m l) 10,10 m

6.1

a) 2 455 cm b) 209 cm c) 3 750 m d) 1 505 cm
e) 383 mm f) 91 cm g) 57 m h) 5 m

Seite 62

3.1

a) 100 b) 15 c) 20
d) 3 600 e) 10 f) 50

4.1

a) 1 kg b) 250 g c) 1 kg d) 250 g
e) 3 kg f) $1\frac{1}{2}$ kg g) 450 g

Seite 63

2.1

a) 50 000 g b) 8 000 kg c) 30 000 mg
d) 3 000 g e) 3 400 kg f) 67 500 g
g) 62 800 mg h) 500 kg

3.1

a) 5 g b) 37 kg c) 250 t
d) 3 g e) 100 t f) 48,5 g
g) 34,850 g h) $2\frac{1}{2}$ t

5.1

a) 15,045 g b) 72,963 kg c) 15,074 t
d) 346,009 g e) 38,084 t f) 95,075 kg

7.1

a) 4 453 kg < $4\frac{1}{2}$ t < 4 t 600 kg
b) 0,865 g < 900 mg < 1 g
c) 7 kg 598 g < 7,6 kg < 7 700 g
d) 4 900 mg < 5 g < 5,1 g

Seite 64

2.1

a) 6 h 45 min b) 1 h 45 min c) 13.35 Uhr
d) 15.05 Uhr e) 13.05 Uhr

5.1

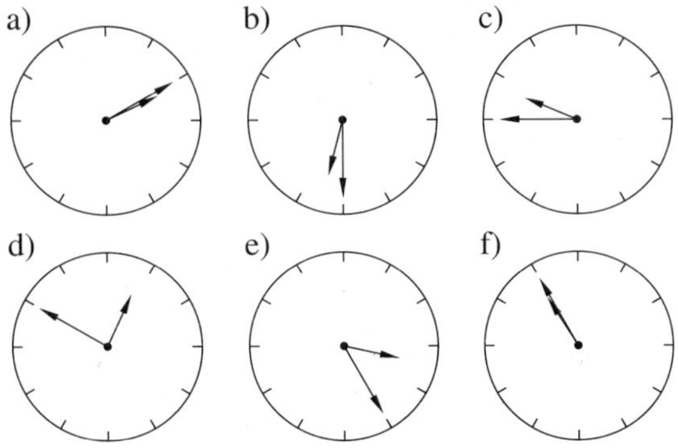

8

a) 8 h 23 min b) 12 h 17 min c) 5 h 55 min
d) 3 h 43 min e) 10 h 36 min f) 15 h 52 min

Seite 65

1.1

a) 336 h b) 660 min c) 1 500 s
d) 88 h e) 405 min f) 905 s

2.1

a) 420 min b) 312 h c) 1 800 s d) 720 min
e) 720 s f) 3 000 min g) 288 h h) 420 s
i) 660 min j) 6 000 s k) 72 h l) 15 s

3.1

a) 20 d b) 50 h c) 12 min d) 5 h
e) 70 min f) $1\frac{1}{2}$ d g) 9 h h) 4 d
i) 10 h j) $\frac{1}{2}$ min k) $\frac{1}{2}$ d l) 4 h

5.1

a) 1 d < 25 h < 1 800 min
b) 3 000 s < 1 h < 75 min
c) 100 s < $2\frac{1}{2}$ min < 2 min 50 s
d) 2000 s < $\frac{3}{4}$ h < 50 min

Seite 66

2.1

a) 13,5 t b) 7,350 km c) 24,1 m
d) 4 h 15 min e) 3,760 km f) 8,60 m
g) 4,45 € h) 15,03 €

3.1

a) 2 min 35 s b) 5,35 € c) 17,200 t
d) 4 h 39 min e) 0,76 m f) 1,883 kg
g) 3,26 € h) 1 d 22 h

4.1

a) 6,250 kg b) 2 h 5 min c) 6,45 m
d) 5 min 43 s e) 2,64 m f) 1 h 33 min
g) 1,870 t h) 2,872 kg i) 1,300 kg
j) 5 min k) 8 kg l) 10 min

Seite 67

3.1

a) 25,2 m b) 77,6 km c) 46,20 €
d) 47,6 t e) 97,2 kg f) 11 min 40 s
g) 310,5 km h) 93,40 € i) 140 min

4.1

a) 1,25 € b) 40 min c) 7,5 t
d) 3 min 20 s e) 200 m f) 1,4 kg
g) 0,3 km h) 10,7 kg i) 4,3 km

5.1

a) 5 b) 9 c) 55 d) 75 e) 15 f) 35

•5.2

a) 6 b) 5 min c) 30 s d) 5 e) 1,3 cm
f) 17 g) 50 h) 5 i) 15

Seite 68

5

a) 11.07 Uhr b) 4 h 45 min

6

15 kg

7

5 000 m

8

a) 2 t b) 7 500 Würstchen

Seite 71

2.1

a) Figur C hat den größten Flächeninhalt (15 Karos). Figur D hat den kleinsten Flächeninhalt (5 Karos).

b) Der Flächeninhalt von Figur A ist kleiner als der von Figur B, der Flächeninhalt von Figur B ist größer als der von Figur E.

c) Der Flächeninhalt von Figur E ist kleiner als der von Figur F, der Flächeninhalt von Figur F ist kleiner als der von Figur B.

d) Die Flächen von Figur A und Figur F (von Figur B und Figur E) haben zusammen den gleichen Flächeninhalt wie Figur C.

3.1

Individuelle Lösung

Seite 72

1.1

Fig. 1: $5\,cm^2 \cdot 3 = 15\,cm^2$
Fig. 2: $2\,cm^2 \cdot 4 = 8\,cm^2$

3.1

a) $80\,cm^2$ b) $63\,cm^2$ c) $55\,cm^2$
d) $70\,cm^2$ e) $42\,cm^2$

Seite 73

2.1

a) Buchseite: $600\,cm^2$
b) Kinderzimmer: $12\,m^2$
c) Fußballplatz: 60 a

3.1

a) $1\,900\,m^2$ b) $4\,700\,dm^2$ c) 12 000 a
d) $2\,200\,cm^2$ e) $450\,mm^2$

4.1

a) 7 a b) $3\,dm^2$ c) $10\,m^2$
d) 71 ha e) 37 a f) $7\,km^2$
g) 100 a h) $75\,m^2$

6.1

a) 1 ha 50 a b) $5\,m^2\ 50\,dm^2$
c) $7\,dm^2\ 50\,cm^2$ d) $12\,km^2$ 50 ha
e) $20\,m^2\ 50\,dm^2$ f) 6 a $50\,m^2$
g) $36\,m^2\ 50\,dm^2$ h) $38\,km^2$ 50 ha

Seite 74

2.1

	Umfang	Flächeninhalt
Figur A	10 cm	$5\,cm^2$
Figur B	9 cm	$4\,cm^2$
Figur C	10 cm	$4\frac{1}{2}\,cm^2$

3.1

	Umfang	Flächeninhalt
a)	20 cm	$21\,cm^2$
b)	26 cm	$40\,cm^2$
c)	100 m	$600\,m^2$
d)	22 m	$28\,m^2$
e)	320 m	$6\,000\,m^2$
f)	160 cm	$1\,500\,cm^2$

4.1

a) Breite 7 cm, Flächeninhalt $56\,cm^2$
b) Breite 8 cm, Umfang 28 cm
c) Länge 35 mm, Flächeninhalt $700\,mm^2$

Seite 75

3

Die Fußleiste ist 17,90 m lang.

4

Der Flächeninhalt des Getreidefeldes beträgt ($27\,600\,m^2$ =) 276 a.

5

Die Gesamtfläche des Schulgebäudes beträgt $625\,m^2$.

6

Das Grundstück kostet 118 800 €.

7

Der Flächeninhalt des Autobahnteilstücks ist ($442\,800\,m^2$ =) 4 428 a.

8

Der Flächeninhalt des Campingplatzes beträgt nach der Vergrößerung 50 a $80\,m^2$.

Seite 77

2.1

a) A: $10\,cm^3$ B: $6\,cm^3$ C: $4\,cm^3$
b) Körper A hat den größten Rauminhalt.
Körper C hat den kleinsten Rauminhalt.
c) A: $6\,cm^3$ B: $6\,cm^3$ C: $4\,cm^3$

Seite 78

1.1

a) $V = 120\,cm^3$ b) $V = 96\,dm^3$
c) $V = 126\,mm^3$ d) $V = 280\,cm^3$

1.2

	Rauminhalt einer Schicht	Anzahl der Schichten	Rauminhalt des Quaders
a)	$28\,cm^3$	6	$168\,cm^3$
b)	$63\,m^3$	6	$378\,m^3$
c)	$40\,dm^3$	2	$80\,dm^3$

2.1

a) $V = 1\,152\,cm^3$ b) $V = 729\,m^3$

Seite 79

1.1

a) $56\,000\,mm^3$ b) $55\,dm^3$ c) $33\,000\,mm^3$
d) $23\,000\,dm^3$ e) $71\,cm^3$ f) $300\,000\,cm^3$

2.1

a) $41\,dm^3$ b) $12\,cm^3$ c) $81\,m^3$
d) $20\,dm^3$ e) $76\,dm^3$ f) $64\,cm^3$
g) $90\,m^3$ h) $61\,cm^3$

3.1

a) $4\,000\,mm^3$ b) $342\,000\,dm^3$
c) $650\,000\,cm^3$ d) $100\,000\,mm^3$
e) $87\,000\,mm^3$ f) $677\,000\,dm^3$
g) $800\,000\,cm^3$ h) $734\,000\,cm^3$

4.1

a) $1\,m^3\,600\,dm^3 = 1{,}600\,m^3$
b) $3\,dm^3\,636\,cm^3 = 3{,}636\,dm^3$
c) $1\,cm^3\,615\,mm^3 = 1{,}615\,cm^3$
d) $9\,dm^3 = 9{,}0\,dm^3$
e) $7\,dm^3\,140\,cm^3 = 7{,}140\,dm^3$
f) $81\,cm^3\,117\,mm^3 = 81{,}117\,cm^3$
g) $3\,dm^3\,982\,cm^3 = 3{,}982\,dm^3$
h) $25\,m^3\,98\,dm^3 = 25{,}098\,m^3$

5.1

a) 65 l b) 82 l c) 7 210 000 l d) 7 hl

5.2

a) 16 l b) 400 l c) $6\frac{1}{2}$ l
d) 8 500 ml e) 74 250 ml f) 3 275 l

Seite 80

4

$V = 16\,416\,cm^3 = 16{,}416\,dm^3$

5

V = 192 l

6

$V = 8\,m^3$

7

V = 2 400 l

8

$V = 40\,dm^3$

9

$V = 900\,dm^3$
Ja, $1\,m^3$ reicht.